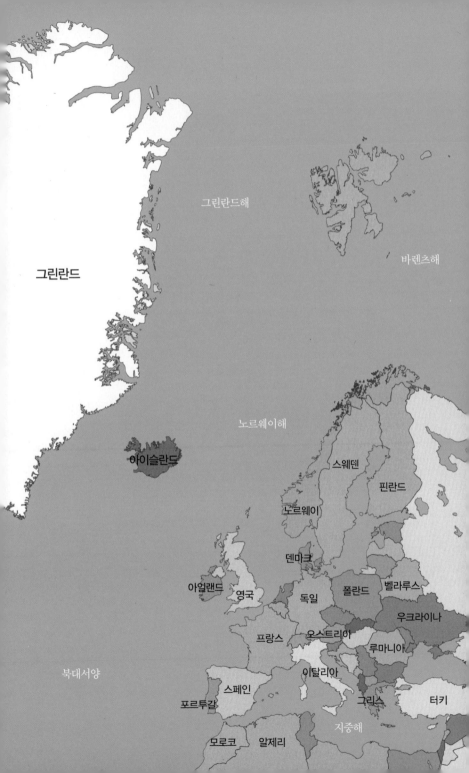

근원의 시간 속으로

A Wilder Time : Notes from a Geologist at the Edge of the Greenland Ice
by William E. Glassley
Copyright © 2018 by William E. Glassley

근원의 시간 속으로

1판 1쇄 인쇄 2021년 10월 4일
1판 1쇄 발행 2021년 10월 11일

지은이 윌리엄 글래슬리
옮긴이 김지민
감수자 좌용주

발행인 김기중 **주간** 신선영 **편집** 민성원, 정은미 **마케팅** 김신정, 김보미 **경영지원** 홍운선
펴낸곳 도서출판 더숲 **주소** 서울시 마포구 동교로 43-1 (04018)
전화 02-3141-8301 **팩스** 02-3141-8303
이메일 info@theforestbook.co.kr **페이스북 · 인스타그램** @theforestbook
출판신고 2009년 3월 30일 제2009-000062호

ISBN 979-11-90357-26-5 (03450)

* 이 책은 도서출판 더숲이 저작권자와의 계약에 따라 발행한 것이므로
  본사의 서면 허락 없이는 어떠한 형태나 수단으로도 이 책의 내용을 이용하지 못합니다.
* 잘못된 책은 구입하신 곳에서 바꾸어 드립니다.
* 책값은 뒤표지에 있습니다.
* 독자 여러분의 원고 투고를 기다리고 있습니다. 출판하고 싶은 원고가 있는 분은
  info@theforestbook.co.kr로 기획 의도와 간단한 개요를 적어 연락처와 함께 보내주시기 바랍니다.

A WILDER TIME

근원의 시간 속으로

윌리엄 글래슬리 지음 | 이지민 옮김 | 좌용주 감수

더숲

차례

감수의 글

GREENLAND

얼음으로 덮인 땅에서 드문드문 노출되어 있는 돌을 찾아 헤매는 사람들이 있었다. GPS는 말할 것도 없고 제대로 된 지도 한 장 없던 시절에도 그들은 얼음의 땅이 어떻게 만들어졌는지 알아내기 위해 모든 위험을 감수한 채 눈과 얼음 위를 누비고 다녔다. 그들 덕분에 우리는 그 땅의 역사를, 나아가 지구가 걸어온 길을 되돌아볼 수 있게 된 것이다. 북극의 하늘 아래에서 망치 한 자루 들고 지구의 역사를 캐던 지질학자들의 얘기다. 거의 모든 사람에게 얼음 위로 고개 내민 돌멩이 하나는 별 가치 없는, 곧 잊힐 존재다. 그러나 그 존재로부터 우리는 결코 경험해볼 수 없는 수억 년, 수십억 년 이전의 세계를 그릴 수 있게 된다.

얼음의 땅에서 돌을 찾아 헤매는 생생한 이야기가 이 책《근원의 시간 속으로》에 묘사되어 있다. 윌리엄 글래슬리와 두 명

의 동료 지질학자는 땅의 역사를 찾아 북극권에 위치한 그린란
드 서쪽의 이곳저곳을 탐험한다. 여름 한철, 제한된 시기에 해
안으로만 접근이 가능하고, 스스로 길을 만들어가며 조사해야
하는 어려운 환경에서도 그들은 기어코 지구 역사의 한 페이지
를 밝힐 수 있는 증거를 찾아낸다. 그리고 과학적 논란이 된 이
슈에 대해서도 정확한 답을 구해낸다.

　과학은 논쟁을 통해 성장해왔다. 그 논쟁의 실마리가 야외에
있을 때 우리의 경험은 더욱 소중해진다. 특히 얼음의 땅에서는
더더욱 그렇다. 그린란드에서 발견한 땅의 이야기를 들어보자.
아주 오랜 옛날 바다가 있었고, 그 바다에서 화산이 폭발하고
용암이 흘러 해저를 덮었다. 그 해저의 돌은 다시 지하로 내려
가기도 하고, 바다 양쪽에 있던 대륙들이 서로 충돌하면서 사이
에 낀 해저가 사라지기도 했다. 그리고 그 모든 흔적들이 그린
란드 얼음의 땅 위에 고스란히 남아 있다.

　글래슬리의 《근원의 시간 속으로》는 단순한 지질조사의 기록
물이 아니다. 그린란드 자연을 몸으로 느끼며 흥얼거리는 그의
노랫말이다. 극한의 환경 속에서 유지되는 생태계를 묘사하면
서 한없이 작은 인간의 존재를 되돌아보게 한다. 그리고 돌멩이
속을 수놓고 있는 광물들의 신비로운 모습과 인연으로부터 수

십억 년 전 땅의 울림에서 현재 빙산에 이르기까지 긴 시간 동
안 겪어야 했던 격변의 세월을 담담하게 읊조리고 있다. 책을
한 장 한 장 넘기고 있노라면 그린란드의 풍경이 눈에 어른거린
다. 그리고 그 속에서 살아 숨쉬고 있는 땅의 외침이 귓가에 들
려오는 것만 같다. 오래전 내가 남극에서 그리고 북극에서 돌을
찾아 헤맬 때 느꼈던 바로 그 자연의 모습과 소리다.

이 책을 감수하면서 글래슬리의 글에 탄복했다. 야외 지질조
사의 여정을 이토록 아름답게 표현할 수 있다니 매우 놀라웠다.
어렵게 느껴지는 지질 현상의 묘사조차 그만의 언어로 쉽게 풀
어내고 있다. 남극과 북극에서 지질조사를 했던 개인적인 경험
에 비추어볼 때 이 책의 내용은 독자들에게 그런 극한의 환경에
대한 간접적인 경험을 충분히 전달해줄 것으로 생각한다. 그리
고 우리가 알지 못했던 수십억 년 전 지구의 모습에 쉽게 다가
갈 수 있는 훌륭한 길잡이가 되어주리라 확신한다.

12

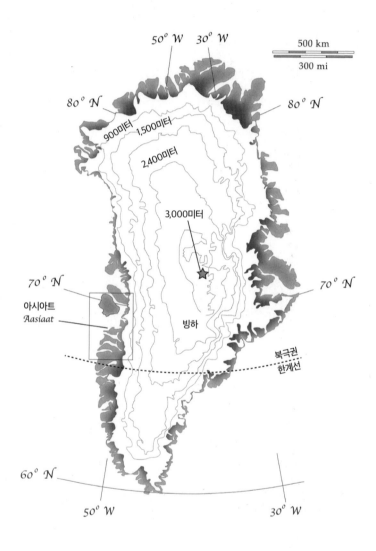

그린란드. 얼음의 두께와 경작 가능한 영토(어두운 회색 부분).
네모로 표시된 부분이 저자가 친구 카이, 존과 함께 연구한 지역이다.

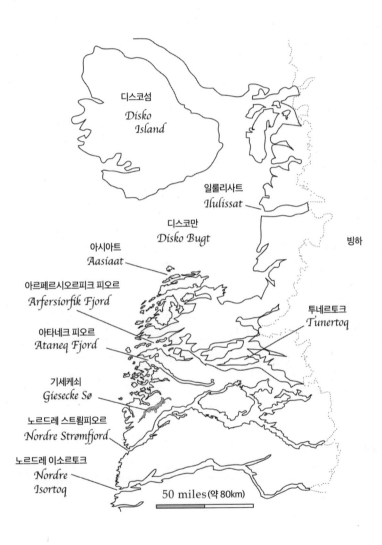

디스코섬
Disko Island

일룰리사트
Ilulissat

디스코만
Disko Bugt

빙하

아시아트
Aasiaat

아르페르시오르피크 피오르
Arfersiorfik Fjord

투네르토크
Tunertoq

아타네크 피오르
Ataneq Fjord

기세케쇠
Giesecke Sø

노르드레 스트룀피오르
Nordre Strømfjord

노르드레 이소르토크
Nordre Isortoq

50 miles (약 80km)

연구 지역. 점선은 내륙 빙하의 경계를 나타낸다.

머리말

목적지는 새로운 곳이든 오래된 곳이든, 상상하는 풍경으로 뒤덮인 우리의 기대와도 같다. 우리는 기대대로 되기를 바라는 마음으로, 그리고 두렵지만 내밀하게 맞닥뜨리고픈 어딘가로의 길을 떠올리며 모험을 떠난다. 우리는 목적지를 여정의 종착지로 생각한다. 하지만 현실은 전혀 다르다. 목적지는 우리의 기대를 단숨에 집어삼키고 생각조차 할 수 없었던 곳으로 우리를 빠져들게 만든다. 그것은 새로운 세상으로 향하는 문이다. 나에게 그린란드의 야생이 그랬다.

지질학자에게 그린란드는 꿈의 장소다. 빙상은 식물이 그 자리를 장악하기도 전에 빠른 속도로 물러나면서, 자신이 수천 년 동안 머물렀던 곳의 매끄러운 기반암* 바닥을 보여준다. 태양

---

* 토양이나 굳지 않은 퇴적물 아래의 단단한 암반

아래 반짝이며 우리의 관심을 집요하게 갈구하는 이 뜻밖의 예
술작품은 그 자체만으로도 관찰거리다.

암석이 흐를 수 있다는 것은 놀라운 사실이다. 하지만 노두(광
맥·암석 등의 노출부—옮긴이)에 드러난 것은 상상력으로는 결코 만
들어낼 수 없는 패턴으로, 대륙의 움직임이 물처럼 유동적이라
는 사실을 입증하는 확실한 증거다. 어떤 것은 1센티미터 정도
의 두께이고 어떤 것은 집보다 두터운가 하면, 각각의 층은 흙
빛이나 황백색·녹색·짙은 남색·붉은색으로 채색되어 서로 접
히고 사이에 끼고 부풀어오르다가 종잇장처럼 얇게 늘어난 뒤
다시 두꺼워진다. 그 속에는 우리가 너무나 알고 싶지만 좀처럼
알 수 없는 이야기들이 담겨 있다.

나는 이 같은 미스터리를 풀기 위해 두 명의 덴마크 지질학자,
카이 쇠렌센Kai Sørensen과 존 코르스트고르John Korstgård와 함께 그
린란드로 향했다. 우리는 몇 주 동안 그 누구의 손길도 닿지 않
은 위대한 야생에서 야영을 하며 약 5만 제곱킬로미터에 달하
는 장소를 돌아다닌다. 노두 위를 엉금엉금 기어다니면서 조각
난 단서들을 엮어 가설을 세운다. 이것은 법의학에서 하는 궁극
적인 방식으로, 백 가지의 다른 기술과 기법, 파편화된 논리적
주장들을 바탕으로 '인간이 없던' 지구의 거의 모든 역사를 담은
하나의 이야기를 만들어낸다.

 지금 우리의 연구와 1940년대에 진행된 연구는 그 역사의 아주 기본적인 윤곽만을 제공한다. 우리가 아는 것은 그 역사가 생명체와 암석, 그리고 그들 간의 공생을 담은 미스터리라는 것뿐이다. 책에 비유하자면 표지는 거의 완성되었으나 각 장은 아직 채워지지 않은 상태인 셈이다.

 아직 우리가 아는 것이 거의 없을 수밖에 없다. 이 지역은 북극권 한계선 위에 위치하기 때문에 야영에 필요한 햇빛과 충분히 따뜻한 기온을 확보할 수 있는 기간이 1년 중 몇 개월밖에 되지 않는다. 게다가 외진 곳이라 이동하려면 특별한 수단이 필요하다. 어디 그뿐인가. 미개척 지역인 탓에 세부적인 정보도 거의 존재하지 않는다.

 이제껏 밝혀진 것은 그 많은 미스터리 중 매우 일부에 불과하다. 기반암에는 20억 년 전과 35억 년 전 사이 그곳에서 다양한 조산造山운동이 여러 번 발생했다는 어렴풋한 증거가 담겨 있다. 그중 가장 최근의 조산운동은 그 규모가 아주 커서 히말라야산맥 형성의 전조가 되었을 가능성도 있다. 거대한 단층을 따라 움직임이 있었다는 증거가 있는가 하면, 안데스산맥에 버금가는 화산 시스템의 증거가 있고, 대서양 크기만 한 해양분지의 증거도 있다. 그러한 화산 시스템이나 해양분지는 이제 모두 사라지고 없다. 지구의 진화라는 지속적인 흐름 속에 자취를 감추고 말았다. 이 같은 가설을 지지하는 관측 결과는 거의 없으며 관련 자료는 해석하기가 쉽지 않다.

이 문제를 더욱 복잡하게 만드는 것은 과학이 기반으로 하고 있는 기본적인 가정이 불확실하다는 점이다. 오늘날 모든 지질학 연구는 판구조론을 바탕으로 한다. 판구조론은 지구를 역동적인 행성으로 규정한다. 지구 내부 깊숙한 곳의 열이 해양 지각과 대륙 지각을 이루는 12개의 판을 느리게 이동시킨다고 보는 것이다. 판이 충돌하는 곳에는 산맥이 형성되고 판이 분리되는 곳에는 지각이 생긴다. 지속적인 지각의 생성과 파괴는 제로섬 게임이라는 독자적인 시스템의 요건을 충족시킨다. 이 같은 과정이 지속적으로 발생했다는 것을 확실하게 입증하는 증거는 9억 년 전의 것이다. 그보다 더 오래된 경우는 증거가 불분명하다. 그린란드의 암석은 그보다 오래되었기 때문에 우리는 우리가 본 것을 어떻게 해석해야 할지, 그것을 만들어낸 힘은 무엇이었는지 확신할 수 없다.

우리가 연구 중인 암석은 과도기에 형성되었다. 연약하고 여리지만 생명체는 지구에서 가장 강력한 화학작용제다. 지구의 대기는 지구가 호흡한 산물이며 해양과 강의 구성요소는 생명이 신진대사 활동을 벌인 결과다. 대륙조차 생명이 만든 것이다. 38억 년 전, 광합성으로 파생된 물질이 맨틀로 들어가 섞이고 녹은 다음 결국 우리가 걷고 있는 광활한 땅으로 합쳐진 것이다.[1] 그때 판구조론이 시작되었을까? 아니면 판구조론은 우리가 모르는 활동이 발생한 지 한참 후에 일어난 현상일까? 우리가 연구한 암석에는 이 같은 질문에 대한 답이 담겨 있다.

우리는 그린란드 빙상의 경계에서 서쪽으로 150킬로미터 넘게 뻗어 있는 땅의 경계에서 연구를 수행한다. 알려진 바가 거의 없는 지역이다. 우리는 순전히 학문 연구로서 과학적 흥미를 품고 있지만 우리가 겪은 경험은 신비에 가깝다. 우리는 인간의 손길이 닿지 않은 야생에서 몇 주 동안 야영을 한다. 오롯이 우리끼리 문명 세계에서 자발적으로 고립된 채, 인간의 존재를 경험해본 적 없는 세상을 아무런 저항 없이 걷고 항해한다. 우리는 지구 전체의 역사를 담고 있는 이해할 수 없을 만큼 오래된 기반암의 샘플을 측정하고 사진 찍고 측정한다. 이 암석의 표면은 거칠고 열악한 환경에서도 아름다움에 에워싸여 있으며 진화하는 세상을 생생히 담고 있다.

자연의 웅대함에 흠뻑 빠진 채 노두에서 노두로 이동하다 보면 일상은 겸손해진다. 시간은 무의미해지고 인식의 저 끝에 머문다. 빙하, 몽유하는 피오르 빙하수, 바위투성이 골짜기, 툰드라 평원을 바라보는 일은 이해할 수 없는 것에 정면으로 맞서는 반복적인 경험이 된다. 모든 풍경은 그곳에 있어야만 비로소 인식될 수 있다는, 존재의 미묘한 본질을 보여준다. 도시의 삶 속에서 만들어진 편견 가득한 기대감과 야생 경관의 순수함 사이에는 메울 수 없는 간극이 존재한다. 내가 그러한 순수함에서 멀어져 있고, 그 순수함을 모른다는 느낌은 고통스럽지만 피할 수 없다.

나는 이제 야생이 하나의 장소이자 이야기라는 사실을 안다. 손길이 닿지 않은 땅은 영감을 제공하고, 다른 곳에서는 상상할 수 없는 신비로움과 연결고리로 우리의 상상력을 살찌운다. 풍요로움의 깊이와 구조의 복잡성은 우리의 일반적인 경험을 뛰어넘는다. 야생은 우리가 영혼이라 여기는 것의 태곳적 심장이다. 따라서 야생은 일종의 집으로 받아들여져야 한다. 나에게 그린란드는 이 같은 교훈을 담고 있는 풍경이다. 얄궂게도 야생에 담긴 이 같은 감정적인 진실은 정량적이고 객관적인 관찰을 추구하는 과정에서 밝혀졌다.

야생wilderness이라는 단어는 '야생 동물만 사는 곳'이라는 의미를 담고 있는 고대 영어 "wildēornes"에서 비롯되었다. 이 단어는 장소를 의미하는데, 그곳에서는 인간의 존재 자체가 본질적으로 투쟁을 뜻한다. 야생은 쉬이 정착하고 농사를 짓고 가족을 일구고 친구들과 저녁식사를 즐길 수 있는 장소가 아니다. 동물만 사는 야생은 개척지다. 인간이 돌아다녔을지도 모르지만 생활이 쉽지 않았을 장소다. 야생은 고분고분하지 않다. 야생에서 인간은 먹잇감이 될 수 있다.

한때 야생은 어디에나 있었다. 인간이 방랑하던 시절이다. 수많은 언어에서 야생을 의미하는 단어가 딱히 없다. 야생은 존재 자체로, 야생에 이름을 붙일 필요가 없기 때문이다. 이제 우리는 더 이상 방랑하지 않는다. 지난 수천 년 동안 우리는 야생에 이름을 붙이기 시작했다. 야생이 거의 사라졌기 때문이다. 우리는 거대한 쓰나미처럼 지구 표면을 휩쓸고 다니면서 이 세상을 점점 더 많은 존재로 채우고 자연의 깊숙한 곳을 경험할 수 있는 가능성을 최소화시키고 있다.

35년 후면 지구의 인구는 70억 명에서 100억 명 이상으로 증가할 것이다. 그 결과 야생은 늘 그렇듯 어쩔 수 없이 자신의 자리를 내어줄 것이며, 그 과정에서 우리가 우리의 진짜 기원을 알 수 있는 유일한 기회를 야생은 가져갈 것이다. 야생이 제공하는 것과 직접 접촉하지 못할 경우, 우리는 인간을 감싸고 있는 세상을 잃게 된다. 안타깝게도 우리는 그 사실이 명확할 때조차 이를 거의 알아채지 못한다. 나는 이 사실을 증언할 수 있다. 이 같은 상실이 남긴 것을 의도치 않게 목격한 적이 있기 때문이다.

어느 날 저녁, 카이가 요리를 하고 존이 노트를 정리할 때 나는 그날을 반추할 조용한 곳을 찾아 우리의 야영지에서 북쪽으로 난 해안가를 따라 걸었다. 낮은 능선 위를 걷다가 뜻밖의 평범한 만을 발견했는데 썰물에 맞춰 저 멀리서 작은 파도가 살짝 찰싹이고 있었다. 나는 좁은 해안으로 향했다. 저 멀리 물결치는 작은 파도에서 시작된 느릿느릿한 잔물결이, 만의 축축하고 질퍽한 세포막을 따라 이동하고 있었다. 저 멀리 피오르 수면 위로 빙산이 떠 있다. 어룽거리는 구름에서 쏟아지는 담회색 빛이 퇴적물이 간신히 잠겨 있는 바닷물의 표면에 반사되었다.

그곳에는 작은 드라마가 펼쳐져 있었다. 퇴적물은 지름이 수 센티미터에서 수 미터에 달하는 수백 개의 바위가 드리우는 검은 그림자에 몸을 숨긴 채 만의 노출된 바닥에 흩뿌려져 있었다. 나는 한참 동안 이 풍요로운 광경을 차분히 들이켰다. 하지만 바로 그때 기이한 무언가가 내 눈에 들어왔다. 바위 하나를 자세히 살펴보니, 그 위에 수십 센티미터 두께의 작은 툰드라 언덕이 섬세하게 균형 잡힌 채 놓여 있었다. 윗부분이 평편한 이 작은 언덕은 누군가 그곳에 일부러 갖다 놓은 것처럼 보였고 키가 큰 풀이 그 언덕에서 자라나고 있었다. 크기가 어느 정도 되는 모든 암석에 정확히 똑같은 작은 툰드라 언덕이 있었다. 툰드라 언덕들의 평편한 부위는 높이가 전부 같았다.

깜짝 놀란 나는 이 언덕들이 아주 최근 만의 경계까지 이어졌던 툰드라 평원의 침식된 잔해라는 사실을 깨달았다. 해수면이 상승하면서 식물 잔해의 미묘한 흔적과 한때 땅과 조석이 조화를 이루었던 경계를 조금씩 갉아먹은 거였다. 좀처럼 저항하지 않는, 야생이 만들어낸 경계는 우리가 무의식적으로 만들어낸 새로운 미래 속으로 조용히 후퇴하고 있었다.

야생이 사라지면, 심지어 기후 변화의 힘에 자연적으로 대응하는 야생조차 사라지면 우리에게 남는 것은 자연의 질감과 형태, 침묵과 외침, 냄새와 맛에 대한 기억과 느낌뿐이다. 우리는 우주에서 정신의 중요성을 말해줄 수 있는 유일한 기준을 잃게 될 것이다.

존과 카이와 함께 서그린란드에서 야영을 한 지 며칠이 지났다. 도시의 소음은 희미한 기억 속으로 사라졌고 우리는 풍경의 일부가 되었다. 영혼의 안과 밖을 가르던 경계는 불분명해졌다. 우리 자신이 누구이고 무엇인지에 대한 질문은 지구의 진화 방식을 둘러싼 질문과 다르지 않았다. 과학자인 우리가 그곳에서 연구하고 해결하고자 했던 문제들은 '그곳에서의 강렬한 경험'의 배경에 불과했다.

들어가기 전에

GREENLAND

그린란드는 지구에서 가장 광활하고 끝없이 펼쳐진 야생 중 하나로, 국토의 대부분이 얼음으로 덮여 있다. 얼음으로 덮여 있지 않은 곳은 장소로서가 아니라 경험으로서 우리에게 다가온다. 실제로 존재하든 상상으로만 존재하든, 이름이 있든 없든, 이곳에서의 모든 경계는 하나의 기회가 된다. 야생이 지닌 날것의 순수함 앞에서 감각은 극도로 예민해진다. 그린란드는 역사가 풍부한 땅이라 발을 디디기만 해도 현실이 명료하게 다가오는 것처럼 느껴진다.

그린란드에 대한 객관적인 의미는 곰곰이 생각해봄 직하다. 가장자리가 바위로 둘러싸인 이 땅을 북아메리카 서부와 겹쳐보면, 위아래의 길이는 미국의 북부와 남부 국경을 훌쩍 넘어가고 옆으로는 샌프란시스코에서부터 덴버에 이를 만큼 뻗어 있다. 북반구에서 유일하게 국토의 80퍼센트 이상이 영구 빙하로 덮여 있다. 전 세계 담수의 10퍼센트 이상을 품고 있는 이 빙하는 가장 두꺼운 부분의 경우 두께가 자그마치 3,600미터에 이른다. 빙원의 정상은 해수면에서부터 3천 미터에 이른다.

그린란드는 절반이 넘는 영토가 북극권 위로 뻗어 있다. 약 4,500년 전에 사람들이 도착하여 지구에서 마지막 정착지가 된 땅이다. 전 세계에서 인구수가 가장 적은 땅이자 세계은행 자료에 따르면, 1제곱킬로미터당 사람의 수가 0인(이 자료는 모든 통계치를 정수로 표현한다) 유일한 곳이다. 미국의 경우 1제곱킬로미터당 사람의 수는 35명이며 영국의 경우 265명이다. 6만 명이 채 되지 않는 대부분의 거주민은 이누이트 부족으로 알려져 있다. 가장 큰 지역은 누크Nuuk로 1만 6,500명의 사람이 살고 있다. 섬 전체의 마을 수나 정착지의 수는 78개뿐이며 거주민의 상당수는 50명이 채 되지 않는다. 이누이트 부족은 자신의 땅을 칼라알리트 누나트Kalaallit Nunaat(이누이트의 땅이라는 뜻-옮긴이)라고 부른다.

그린란드의 문화는 낚시와 사냥이 주를 이루며 이는 지난 수백 년 동안 변함없다. 주요 사냥감은 바다표범과 순록으로, 그들은 이 동물들을 먹기도 하지만 의복에 활용하거나 제한적인 상업 거래 수단으로 사용하기도 한다. 사냥은 이누이트족이 생계를 유지하기 위한 활동인 셈이다. 이누이트 부족의 예술·사진·문학·신화를 살펴보면 그들의 거주지와 전통적인 관습에 대해 조금은 알 수 있다. 하지만 이렇다 할 자유무역이 이루어지지 않았기 때문에 외부인이 그 모습을 직접 본 경우는 거의 없으며 그 변화의 모습을 목격하고 있는 사람도 거의 없다.

경제학·도덕률·자연생태계 간의 복잡한 상호작용을 탐색하는 국가들, 그들이 내리는 결정은 그린란드 같은 머나먼 나라에까지 영향을 미친다. 1983년, 캐나다에서 아기 바다표범의 잔인한 상업적 사냥 관행에 관심이 쏟아지자 유럽경제공동체 European Economic Community는 바다표범 가죽 거래 금지령을 시행했고 그 후 2009년, 유럽연합 역시 바다표범 관련 제품의 거래를 금지했다. 그 영향은 어마어마했다. 바다표범 가죽과 관련 제품들의 판매 수입이 사라지자, 이누이트족의 사냥 산업은 사양길을 걷게 되었다. 바다표범 거래 시장이 사라지면서 바다표범 사냥이 줄어들었고 그 결과 바다표범 개체 수가 급증했다. 어류포식자의 수가 급증하자 물고기 개체 수가 급감했고 이누이트족의 생활 역시 영향을 받게 되었다. 최근 들어 이 금지령이 수정 완화되면서 이누이트 부족은 지속가능한 바다표범 사냥을 할 수 있게 되었지만, 이 금지령이 수입에 미치는 영향은 지대했다.

오늘날 그린란드 경제의 60퍼센트는 그린란드를 자치령으로
둔 덴마크에서 매년 지급하는 정액 보조금으로 유지된다. 그린
란드는 지속가능한 국가로 회귀하려고 고군분투하고 있지만,
급속도로 변하는 기후의 복잡성까지 더해져 엄청난 난제에 부
딪히고 있다.

이 책에는 다섯 차례에 걸친 나의 그린란드 탐사 경험이 담겨
있다. 나의 인식을 변화시킨, 몸으로 느낀 경험에 따라 총 3장으
로 분류했다. 1장은 기대가 산산조각 나는 과정을 담았다. 그곳
을 안다고 생각한 나의 무지가 바닥을 드러내는 경험이 고스란
히 담겨 있다. 2장은 유기적이고 물리적인 진화의 결과물로서,
나의 무지가 인식의 중요한 부분이라는 현실을 받아들이는 과
정을 담았다. 3장은 우리가 이 세상에 대해 알 수 있는 부분과
그렇지 못한 부분에 대한 작은 깨달음의 순간을 기록한다.

우리가 이 세상에 존재한다는 것은 어떤 책임을 의미하지만,
존재한다는 사실 자체가 무엇인가를 의미하지는 않는다. 야생
에게 웅대한 힘이 있다면, 그것은 진화의 무심함이 만들어낸 압
도적인 아름다움을 통해 모순처럼 보이는 사실들을 전달하는
능력이라 하겠다. 인간이 야기한 기후 변화에 저항해 야생이 스
스로 어떠한 복원을 해나가는지 보라.

이 책은 시간 순을 따르지 않는다. 인식을 바꾸는 경험은 개인

적이며 처음에는 납득하기 어려운 기이한 방식으로 쌓여간다. 무언가를 바라보는 방법을 새로 다시 만드는 것은 하루아침에 이루어지지 않는다. 모든 통찰력이나 새로운 관점은 절대로 완성되지 않는 영원한 태피스트리처럼 빈 공간을 조금씩 채워나간다.

　야생은 가감 없이 솔직하게 말한다. 우리가 야생으로 들어가면서 가져간 모든 신념이나 상상은 우리에게 거꾸로 질문을 던지지만, 우리는 그 질문을 쉽게 간파할 수 없을지도 모른다. 나는 거대한 우주 안에서 우리의 위치를 감지할 수 있는 장소로서 태곳적 자연의 가치를 인식하고, 그것을 통해 우리가 자연 보존에 힘쓰기를 바라는 마음으로 이 책을 썼다. 자연을, 야생을 잃을 경우 개인적으로든 인간이라는 개체로서든 우리의 뿌리를 찾는 일은 사실상 불가능하기 때문이다.

인상 1

우리 눈에 보이는 것은 표면뿐이다. 우리가 경험으로 인식하는 것은 반사된 빛에서 나온다. 이는 현재로 흘러 들어와 한순간 형태가 되는 사건들의 결과물이다. 삶은 우리에게 그 인상에서 질감과 형태, 무게와 온기를 이끌어내라고 가르친다.

그렇다면 우리가 느끼는 우주라는 거대한 표면 아래에 무엇이 숨쉬고 있을까? 우리는 태양이 왜 떠오르고 겨울이 왜 오며 우리가 왜 죽는지 이해하기 위해 우주를 연구한다. 하지만 질문에 대한 답은 더 깊은 질문으로 이어지며 그 안에 담긴 복잡한 미스터리는 우리의 상상력을 자극한다. 이 단편적인 정보들을 통해 우리는 이 세상을 이루는 구성요소에 대해 나름의 지식체계를 갖춰나간다. 우리 모두는 그렇게 개인적인 삶의 맥락을 이루는 유일무이한 구조를 만들어내고 그 구조에 의미를 부여한다.

이 같은 과정을 통해 우리는 삶이 멈출 수 없는 힘임을 깨닫는다. 그 힘은 끊임없이 진화해서 종국에는 우주와 시간으로부터 생각을 끌어낸다.

하지만 이 같은 깨달음을 얻었어도 우주의 관점에서 보면 우리는 사소한 사건에 불과하다. 거의 140억 년 전 불가해하게 시작된 이후 아직까지도 솟구치고 있는 엔트로피라는 흐르는 강물에 찍힌 작은 반점에 불과하다. 우리는 별들이 품고 있을 이야기를 추측하며 이 이야기에 매혹되지만 그 윤곽은 여전히 오리무중이다. 우리는 드넓은 대지를 돌아다니며 암석이 품고 있는 역사를 찾는다. 소중한 무언가를 보여줄 통찰력 한 줌이 그 안에 놓여 있기를 희망하며.

제1장
분별

갑자기 이곳에서는 모든 것이 동일하다는 생각이 들었다. 위계질서 따위는 없었고 모든 것은 아름답거나 그렇지 않을 뿐이었다. 가치는 희소성이나 차이를 향한 욕망에 좌우되기 마련인데 이곳에서는 그 어떤 것도 의미가 없었다. 자갈투성이 해변을 걷는 동안에는 첨벙거리는 파도 소리나 내 부츠가 내는 뽀도독 소리밖에 들리지 않았다. 나는 그토록 원하던 곳에 와 있었다. 야생의 고독 속을 홀로 걷는 시간이었다. 태양빛, 파란 바다, 패턴을 이룬 암석 곳곳에 고독이 스며 있었다.

빙하로 향하는 존과 카이

모든 소리가
야생의 광활함에 묻히다

_정적

우리가 탐사 현장까지 이용한 배는 덴마크 그린란드 지질조사소Geological Survey of Denmark and Greenland에서 대절한 트롤선이었다. 연푸른색의 선체에 두 사람이 겨우 들어갈 만한 빛바랜 조타실과 낡은 나무 갑판이 보였다. 우리는 나무 갑판에 배낭과 상자, 텐트, 식료품 봉투 몇 개를 비롯해 우리의 소규모 원정에 도움이 될 만한 다른 장비들을 실었다. 존과 카이, 나는 서그린란드에 위치한 아시아트Aasiaat라는 마을에서 출발했다. 디스코만Disko Bugt의 남쪽 끝에 자리한 아시아트는 그린란드에서 큰 마을에 속했는데 그래 봤자 3,100명이 조금 넘는 사람들이 모여 살 뿐이었다. 여름날 오후 도로를 따라 몇 시간만 걷다 보면 마을의 집들을 전부 살펴볼 수 있을 정도였다.

선장 피터가 주시하는 가운데 우리는 30분 동안 트롤선에 짐을 싣고 장비를 단단히 고정시키고 물건 목록을 확인한 뒤 빙산이 촘촘히 박힌 바다로 향했다. 긴 항해가 될 것이었으므로 우리는 차례대로 작은 선실 안에서 낮잠을 청했다. 선실에는 침상 두 개가 칸막이벽에 단단히 고정되어 있었다. 8센티미터가 채 안 되는 두께의 오크 나무판자 사이로 출렁이는 바닷소리가 들려왔다. 한 시간쯤 잠을 잔 나는 갑판으로 돌아와 경치를 감상했다.

선선하고 고요한 바람이 불어왔다. 바다는 구름이 잔뜩 낀 하늘 아래 깔린 유리 같았다. 저 멀리서 이따금 고래들이 물을 가로지르며 불쑥 나타나서는 수면 위로 작은 물고기 떼를 입에 털어넣곤 했다. 우리는 작은 바위섬도 지나갔는데, 어떤 바위섬 위에는 여름 동안 주인이 두고간 허스키들이 보였다. 썰매를 끄는 이 개들은 야생동물에 가까웠다.

나는 홀린 듯 칠이 벗겨진 난간에 기대섰다. 뒤에서 엔진이 내뱉는 칙칙칙 소리가 들려왔다. 옷은 따뜻하게 입고 있었다. 영상 4도 정도 되는 쌀쌀한 날씨에 대비해 작업용 셔츠에 스웨터, 양털 재킷을 겹쳐 입고 양모 모자를 귀까지 푹 눌러쓰는 등 단단히 무장한 상태였다.

항해가 지속될수록 내가 떠나온 세상이 그리워지고 예상치 못한 불안이 엄습하기 시작했다. 이 원정은 내가 몇 달 전부터 기대했던 것이다. 나는 미지의 영역이나 다름없는 곳에서 매일 발견하게 될 것들을, 오랜 친구들과 공유할 생각에 들떠 있었다. 하지만 그런 흥분을 앞선 건 사무친 그리움이었다. 앞으로 몇 달 동안 아내와 딸을 볼 수도, 소식을 들을 수도 없을 터였다. 함께 식사를 준비하고 영화를 보고 신문을 읽고 파티에 친구들을 불러 즐거운 시간을 보내고 딸아이를 스쿨버스 있는 데까지 데려다주는 등의 소소한 행복들, 가족과의 단란한 시간들을 당분간 누릴 수 없었다.

항해를 함께할 동료가 갑판으로 올라와 내 옆의 난간에 기대서자 감상에 젖어 있던 나는 그제야 현실로 돌아왔다. 헝클어진 모래색 머리에 햇볕에 그을린 얼굴이었지만 파란 눈만은 이글거리는 남자였다. 넓고 평평한 코에서 나름의 사연이 엿보였다. 그는 완벽한 영어를 구사했지만 강한 억양이 느껴졌다.

"그래, 도대체 여기에 뭘 하려고 온 거요?" 그가 물었다. 쌀쌀한 날씨였지만 그는 반팔 티셔츠에 청바지 차림이었다.

"우리는 지질학자입니다. 돌을 연구하려고 왔죠." 나는 재빨리 평정을 되찾으며 말했다.

그는 잠시 생각에 잠겼다가 물었다. "음, 금을 찾는 거요?"

"아닙니다. 그저 돌의 역사에 관심이 있을 뿐입니다."

그는 고개를 끄덕인 뒤 입술을 삐죽였다.

"그것에 왜 관심이 있는 거죠?" 그가 무심하게 물었다. 나를 보고 있지는 않았다. 그의 눈이 향한 곳은 느리게 지나가는 주위 경관이었다.

나는 약 20억 년 전 그곳에 히말라야나 알프스 크기의 산맥이 존재했음을 입증하는 증거를 두고 논쟁이 있다는 얘기를 꺼냈다. 현재 남아 있는 거라고는 오래된 산맥의 깊은 뿌리로 추정되는 부분, 그것이 품고 있는 수수께끼 같은 힌트뿐이었다. 오랜 세월 동안 침식작용에 의해 그 뿌리가 표면으로 드러났고 그 안에 남아 있는 증거를 살펴봄으로써 드디어 가설의 진위 여부를 판명할 수 있게 된 것이었다.

"그렇게나 큰 산맥이 여기 있었다고요? 그게 사실이라면 정말 놀랍군요. 믿을 수 없어요." 그는 말했다. 우리는 K2봉이나 아이거봉, 에베레스트산맥 같은 것들이 한때 융기한 흔적이라고는 전혀 찾아볼 수 없는 눈앞의 풍경을 바라보고 있었다.

"어디에서 오셨어요?" 내가 물었다. 하얀 피부색이나 억양으로 보아 이곳에서 나고 자란 사람은 확실히 아니었다.

"시드니에서 왔소. 5년 전 여자 친구와 함께요. 당시에는 그저 여행으로 온 거였는데 이곳의 아름다움에 반해 조금 더 머물렀소. 여기 있는 동안 피터 선장을 여러 번 우연히 만났는데 그러다 보니 그가 좋아졌죠. 피터는 스웨덴 사람이지만 여기에 25년

이나 살았죠. 그는 2월에 가족들을 만나러 스웨덴에 잠깐 가는
데 다시 와야만 해요. 다른 데서는 살 수가 없거든. 여기에 머문
첫해, 그가 스웨덴에 갔을 때 그의 집을 돌봐줬는데 그가 돌아
와서는 나에게 배에서 일해보지 않겠냐고 하지 뭐요. 그러겠다
고 했소."

　그는 잠시 바다 너머를 바라보더니 이어 말했다. "이제는 호
주로 못 돌아가요. 거긴 너무 덥거든." 그는 껄껄 웃다가 갑자기
진지하게 말했다.

　"자유롭고 탁 트여 있는 이곳의 삶이 좋소. 다른 곳에는 사람
들이 너무 많단 말이지……. 이곳 사람들은 서로를 돕고 살아요.
물론 그들도 중요한 건 저기 저 너머 세상이라는 걸 알고 있지
만 말이오." 그는 수평선을 가리키며 말했다. "이곳은 참 평화로
워요. 그 어떤 곳에서도 본 적 없는 '텅 빔[虛]'이 느껴지지 않소?
이제는 그걸 포기할 수가 없다오. 여자 친구도 마찬가지고. 이
제는 여기가 우리 집인 거지."

　나는 눈앞에 펼쳐진 광경을 바라보았다. 그리고 그 광경을 보
며 그가 느꼈을 감정을 생각해보았다. 나는 샌프란시스코만의
이웃들, 거리, 카페, 작은 상점들을 정말 좋아했다. 하지만 어떤
'곳'을 향한 그의 열정에 비하면 내가 느끼는 연대감은 정말 아
무것도 아니었다.

한동안 침묵이 흘렀다. 그러다가 그가 갑자기 난간에서 일어서며 말했다. "이제 그만 일하러 가야겠소. 피터가 돈 받고 노닥거리기만 한다고 뭐라고 할지도 모르거든. 그럼 행운을 빕니다. 원하는 걸 찾을 수 있기를 바랍니다." 그는 나와 악수를 나눈 뒤 돌아섰다.

이번 여정이 내가 카이와 함께하는 첫 탐사는 아니었다. 우리의 인연은 무려 30년 전으로 거슬러 올라간다. 나는 카이 쇠렌센을 거의 30년 전 노르웨이의 오슬로에서 만났다. 덴마크 출신으로 나와 처음 만났을 당시 그는 사랑과 우정이 뒤얽힌 복잡한 상황에 처해 있었다. 그러한 상황에서 벗어나고 지질학 연구 분야에서 경력을 쌓기 위해 그는 나의 정신적 피난처였던 연구소로 왔고 그곳에서 조용히 연구를 계속하며 자신의 삶을 다시 일으켜 세웠다.

당시에 나 역시 변화를 추구하고 있었다. 박사 과정을 막 수료한 나는 이혼한 뒤 새로운 관계를 시작한 참이었다. 노르웨이에서 새로운 연구를 시작할 기회가 주어지자 나는 곧바로 그 기회를 잡았다. 처음부터 다시 시작할 수 있는 장소가 간절히 필요했다. 오슬로에는 아는 사람이 한 명도 없었기에 수도자 같은 생활이 가능했다. 과학에만 몰두하는 조용한 세상에서, 나는 복잡한 과거로부터 도피할 수 있었다. 감정적, 문화적으로 변화를 추구한다는 비슷한 처지 때문이었는지 우리는 금세 친해졌고 결국 같은 공간에 살게 되었다. 나중에는 줄리언 피어스도 우리 아파트로 들어왔는데 그 역시 삶의 여정이 우리와 겹치는 부분이 많았다. 서로 다른 국가에서 온 우리 셋은 기이한 가족이 되었다. 매일 아침 다 같이 버스를 타고 연구소로 출근했고, 3층에 있는 공동 식탁에 앉아 함께 점심을 먹었으며, 9시에 다시 버스를 타고 집으로 와 번갈아가며 저녁을 준비했다. 저녁식사를 마친 뒤에는 카드게임(항상 거의 내가 졌다)을 하거나 카이의 스테레오로 <캬바레>나 <지저스 크라이스트 슈퍼스타>를 들으며 리니에 아쿠아비트Linie acuavit(노르웨이산 식전 반주용 증류주-옮긴이)를 한두 샷 섞은 커피를 홀짝였다. 그 임시 거처에서 우리는 안정을 찾았다.

내가 연구 방향을 바꾸고 싶었던 것은 내 안에서 솟구치는 흥분 때문이었다. 처음 지질학 연구에 몸담을 때만 해도 예상하지 못한 흥분이었다. 워싱턴주 올림픽반도의 6천만 년이라는 비교적 짧은 지질학 역사에 관한 논문을 쓰면서, 나는 이해하기 힘든 지구 진화의 규모와 아름다움을 서서히 알아가게 되었다. 나는 대지의 중추에 생생하게 담긴, 멈춘 적은 없지만 상상할 수 없을 만큼 느리게 작동하는 역동성에 매료되었다. 그동안 아무

도 밝히지 못한 고대의 역사를 알아간다는 황홀감에 중독된 것
이다. 노르웨이 연구소의 일자리는 내가 논문에서 다룬 것보다
훨씬 심오한 사안을 연구할 기회였다. 어떤 종류의 암석이 지
하 수십 킬로미터 아래에 묻힐 때 다른 암석들과 화학적 화합물
을 어떻게 교환하는지와 같은 근본적인 질문을 다룰 수 있었다.
이는 전 세계에 흩어져 있는 극소수의 연구진 외에는 관심 있는
사람이 별로 없는 난해한 주제였지만, 나는 아무리 지엽적일지
라도 전 세계에 영향을 미치는 무언가를 철저하게 조사할 수 있
는 기회를 놓치고 싶지 않았다.

　우리가 연구를 수행하는 동안 카이는 서그린란드 지역에서
자신이 했던 연구와 관련된 흥미로운 이야기들을 들려주곤 했
다. 서그린란드는 복잡한 역사를 품은 오래된 암석들로 가득한
곳이었다. 내가 잘 알지 못하는 그린란드 빙하라는 장소는 강한
호기심을 불러일으켰다.

　카이는 20억 년 이상 된 암석에 새겨진 신비한 패턴에 대해
설명해주었다. 그 무늬는 마치 오늘날 히말라야산맥이나 알프
스산맥의 지표면 가까이에서 일어나는 일과 같은 사건들을 기
록하는 것처럼 보였다고 한다. 고대에 발생한 그린란드의 이 같
은 사건은 지표면 수 킬로미터 아래에서 일어난 듯했고, 이 지
역의 암석들은 오늘날 산맥들의 봉우리 아래에서 일어나고 있

는 일에 대한 어떤 단서를 품고 있을지도 몰랐다. 하지만 이 같은 관찰 결과를 끼워 맞출 만한 명백한 판구조론이 존재하지 않았다. 암석들이 너무 오래된 데다 고대와 관련해 우리가 아는 정보가 너무 빈약했기 때문에 공허한 가설을 내리는 것 말고는 할 수 있는 일이 없었다.

카이의 전문 분야는 구조지질학이었다. 다시 말해 그는 암석의 형태와 패턴, 지층의 방향에 주로 관심이 있었다. 그와 동료들은 이 지역이, 대륙이 말 그대로 둘로 쪼개진 복잡한 지대라고 결론을 내렸다. 산맥이 형성된 직후 수십 혹은 수백 킬로미터에 걸쳐 한 판이 다른 판을 스쳐지나간, 큰 변형이 있던 지대였다.

나에게는 이 구조적인 연구를 뒷받침할 수 있는 지식이 있었다. 나는 암석이 극단적인 변형을 거치는 동안 경험했을 온도와 압력에 대한 세부 정보를 제공할 수 있었다. 나의 전문 분야는 변성작용이었다. 즉 암석의 광물을 이용해 암석의 온도가 얼마나 높았는지를 비롯해 그들이 땅 아래 깊이 들어갔다가 나온 경로를 판독하는 것이 나의 일이었다. 현미경과 엑스선 분광계, 전자 빔만 있으면 나는 암석의 오랜 역사는 물론 땅 아래 깊숙이 들어갔다가 다시 지표로 나오기까지 암석의 방대한 여정을 파악할 수 있었다. 미국으로 돌아오기 전 나는 카이에게 그가

수집한 암석을 연구하는 팀에 나를 넣어달라고 했다. 언젠가 그
곳을 방문할 기회가 생길 거라는 바람에서였다.

결국 나는 카이의 동료 존 코르스트고르와도 친구가 되었다.
그는 구조지질학자였지만 지구화학과 광물학에도 조예가 깊었
다. 우리 셋은 훌륭한 팀이 되었다.

그로부터 몇 년 후 우리는 그린란드 탐사를 떠날 자금을 지원
받아 그곳에서 함께 연구를 진행하게 되었다. 거의 10년 동안
우리는 공통의 관심사를 추구했고 논문도 몇 편 출간했으며 콘
퍼런스에서 함께 발표를 하기도 했다. 하지만 시간이 흐르자 서
로 다른 경력과 삶을 선택하면서 관심 분야가 멀어졌다. 1990년
대 말, 우리는 이따금 연락을 주고받기만 했을 뿐 그린란드에서
함께 일하던 시절은 추억 속에 묻히고 말았다.

그러다가 2000년 카이로부터 갑자기 연락이 왔고 새로운 탐
사 계획을 알려주었다. 당시에 그는 덴마크 그린란드 지질조사
소에서 근무하고 있었다. 서그린란드의 지역 연구를 후원하는
단체였다. 그는 나에게 자신의 팀에 합류할 생각이 없냐고 물
었다. 존도 함께한다고 했다. 예산과 시간문제 때문에 과거에
다 탐사하지 못했던 지역으로 우리의 초기 연구를 확장할 수 있
는 좋은 기회였다. 그는 지나가는 말로 강한 변형대의 중요성에
대한 그와 동료들의 초기 해석을 둘러싸고 논쟁이 있다고도 했

다. 이 같은 논쟁을 해결하는 것 또한 이번 탐사의 목적 중 하나
였다.

당시에 나는 그린란드 연구에 직접 참여한 상황은 아니었지
만, 개인적으로 호기심이 있던 터라 출간되는 연구논문은 늘 찾
아보고 있었다. 내가 읽은 몇몇 논문들의 해석은 카이와 존, 그
리고 그들의 동료들이 내놓은 의견과 일치하지 않았다. 나는 그
논문들이 그저 대안을 제시할 뿐 연구진들 사이에서 그다지 진
지하게 받아들여지지는 않을 거라고 생각했다. 막후에서 일고
있는 갈등에 대해서는 전혀 몰랐다.

그린란드로 돌아가고 싶은 생각이 간절했던 데다 존과 카이
와 다시 일하고도 싶었기에 나는 곧바로 탐사팀에 합류하겠다
고 했다. 지난 몇 년 동안 나는 우리의 연구가 답하지 못한 질문
들에 대한 기억에 조용히 시달리고 있던 터였다.

선체 난간에 기대선 채 바위들이 떠다니는 모습을 바라보던
당시만 해도 나는 내가 15년이나 지속될 기나긴 여정의 첫발을
내딛은 거라고는 생각하지 못했다.

계획한 베이스캠프 현장에 도착하자 선장이 트롤선을 만에
댔고 우리는 소형 보트를 이용해 짐을 내렸다. 몇 번 왔다 갔다
해야 했지만 30분 만에 해안가의 작은 절벽 아래 짐이 수북이

쌓였다. 짐을 다 옮긴 뒤 우리는 선장을 비롯해 배를 함께 타고 온 동료와도 악수를 나눈 뒤 작별 인사를 했다.

우리의 야영지는 아르페르시오르피크Arfersiorfik 피오르의 북쪽 해안을 따라 이어진 우둘투둘하고 좁은 단구*에 자리했다. 우리는 내륙의 빙원에서 서쪽으로 약 15킬로미터, 가장 가까운 이누이트 정착지에서 약 100킬로미터 떨어져 있었다. 북극권에서 위로 한참이나 떨어져 있는 이곳에서는 태양이 몇 주 동안 지지 않았다.

차가운 밤바람이 불어왔다. 나는 파카의 깃을 세우고 주머니에 손을 찔러넣은 뒤 작은 절벽을 올라가 멀어져 가는 트롤선을 바라보았다. 파란 선체의 보트가 방향을 바꿔 문명사회로 돌아가고 있었다. 시원섭섭한 우울함이 나를 덮쳤다. 그 배는 실질적으로 우리를 현대 세상과 연결해주는 마지막 연결고리였다. 이제 프로펠러가 물길을 일으키는 가운데 그 연결고리마저 사라진 셈이었다.

우리를 둘러싼 풍경은 이제 완만하게 경사진 길쭉한 노두, 툰드라 평원과 거대한 암벽, 빙하로 덮인 봉우리뿐이었다. 침수된 요세미티 계곡 안에 들어와 있는 기분이었다. 극적이고 근엄하

---

* 해안이나 하안에 발달한 평탄한 지면으로, 전면에는 급경사면이 있다.

며 아름다웠다. 자갈 깔린 해변에 작은 파도가 부서지면서 반복적인 배경음악을 들려주었다.

복귀를 갈망했던 수년의 시간 동안 어느새 희미해져버린 평온했던 경험들, 그것은 지금 현실이 되었다. 수정같이 맑은 피오르의 물은 정말 차가웠다. 바위를 따라 리듬감 있게 흐르는 물 탓에 바위는 온통 미끌미끌한 해조류로 뒤덮여 있었다. 야생의 아름다움에 애정 따위는 없었다. 늦은 오후의 구름이 하늘을 감싸는 것처럼 쓸쓸한 적막이 이 땅을 철저하게 감싸고 있었다.

나는 우리가 물건을 쌓아둔 바위투성이 해안가로 가 존과 카이를 만났다. 그들은 식량 상자, 응급 무전기, 텐트, 침낭, 배낭, 망치, 시료 가방, 노트북을 나르고 있었다. 4주간 탐사에 필요한 최소한의 물건들이었다. 존과 카이는 아무도 따라할 수 없는 그들만의 방식으로 물건을 정리하기 시작했다. 이 야생의 장소에 그렇게 나름의 질서가 부여되고 있었다.

다부진 체구의 카이는 타고난 요리사였다. 둥그스름한 그의 얼굴은 좋은 음식을 보면 한껏 기쁨을 드러냈다. 그는 자주 웃었고, 양파와 감자를 요리 도구 옆에 전략적으로 배치해두고는 앞으로 우리가 얼마나 잘 먹게 될지 두고보라며 농담을 던졌다. 식량 상자를 전부 열어젖힌 그는 그 안의 내용물을 재빨리 살펴본 다음 가스레인지를 중심으로 각각 어디에 둘지를 결정했다.

우리 모두 요리를 좋아했지만 카이에게 요리는 영혼의 일부였다. 그에게 요리하는 특권을 허락하는 편이 모두에게 좋았다.

우리는 해안가를 따라 놓인 바위를 집중적으로 살펴보는 데 많은 시간을 보냈다. 조석 침식(강한 조류에 의한 퇴적층의 침식-옮긴이)으로 깨끗하게 씻겨나간 바위 표면에 우리의 연구 대상인 패턴과 광물이 드러났다. 이 같은 작업에는 조디악이 필요했다. 조디악은 바위투성이 해안에 쉽게 댈 수 있도록 선외기(탈부착이 가능한 추진장치-옮긴이)가 달린 고무보트였다. 우리 가운데 기계에 가장 친숙한 존은 한 치의 망설임도 없이 조디악의 '선장' 역할을 자처했다. 덥수룩하게 자란 희끗희끗한 턱수염과 잔주름이 잡힌 얼굴은 선장 역할에 더없이 적합해 보였다. 존은 카이와 나보다 키가 큰 데다 걸걸한 말투로 진지한 농담을 던지곤 했는데, 말수 적은 영화배우 존 길버트를 살짝 닮은 그에게서는 어떠한 권위가 느껴졌다. 존은 어디에서든 민머리에 파란색 야구 모자를 썼으며 붉은색 파카를 걸쳤다. 덴마크 억양이 강한 카이와는 달리 그의 저음에는 캐나다에서 살았던 세월이 고스란히 반영된 듯 문화적 혼란이 설핏 담겨 있었다. 내가 카이와 존이 장비를 정리하는 쪽으로 다가가자 존은 어디에 어떠한 상자를 놔야 하는지 가리켰다.

툰드라로 덮인 길이 400미터에 폭이 60미터 되는 길쭉한 벤

치 같은 암석이 이제 우리가 머물러야 할 곳이었다. 이 암석은
빙하 아래 묻힌 서쪽 능선에 접해 있었다. 두터운 구름과 칙칙
한 빛의 그늘에 가려진 세상을 데우려는 듯 늦은 오후 북극의
해가 서쪽 지평선을 향해 내려오고 있었다.

　지속적인 일광은 일종의 해방이었다. 밤과 낮을 기억하는 신
체는 처음에는 혼란을 겪고 자야 할지 말아야 할지 초조해하며
신경을 곤두세우지만 이내 예상치 못한 차분함이 자리 잡게 된
다. 움직임을 제한하고 시야를 한정시키는 밤의 암흑이 사라지
면서 시계나 시각 따위는 불필요한 짐이 된다. 그리하여 무한한
자유가 삶으로 침투한다. 우리는 새벽 2시경, 한껏 부풀어오른
구름이 태양빛을 받아 피오르의 멀건 표면을 반사하는 가운데
해안가를 산책하는 일에 익숙해졌고, 자정 무렵 폭신폭신한 툰
드라를 배회하며 먹이를 찾는 북극여우(흐릿한 빛 속에서 여우는 확
실히 눈에 띄었다)를 바라보는 일에 푹 빠지게 되었다.

　짐을 푼 다음 우리는 커피를 마시기로 했다. 카이는 평편한 돌
위에 휴대용 석유 화로를 설치하고 그 위에 주전자를 올려놓았
다. 네스카페 인스턴트커피를 몇 스푼 넣은 붉은색 플라스틱 컵
을 든 채 물이 끓기를 기다리는 동안, 우리는 갑자기 달라진 주
위 환경을 바라보며 사색에 잠겼다. 불과 24시간 전만 해도 우

리는 세상에서 가장 깨끗한 도시 중 하나인 코펜하겐에 있었다. 코펜하겐 공항에서 존을 만나 그린란드로 향할 예정이었던 카이와 나는 존을 만나기 직전, 코펜하겐에 있는 니하운Nyhavn 부 둣가의 한 노천카페에서 카푸치노를 홀짝이며 북적대는 관광객들의 모습을 한가로이 즐겼다. 나는 여행 계획을 마무리하는 카이를 돕기 위해 며칠 전 샌프란시스코에서 코펜하겐으로 온 참이었다. 세상과 단절된 상태, '정상적인' 하루가 선사할 모든 것이 제거된 상태가 되자 '정상'이라는 의미는 모호해졌다. 우리는 아무도 보지 못한 것을 보려 하는 탐사의 시작점에 있었다. 주고받는 말과 웃음마다 흥분이 깃들어 있었다. 마침내 물이 끓었고 카이는 각자의 잔에 물을 따라주었다. 인스턴트커피 냄새가 북극의 공기를 톡 쏘듯 파고들었다.

하지만 우리 사이에는 긴장이 감돌기도 했다.

"다시 오니 정말 좋네." 카이가 피오르를 둘러보며 한숨을 쉬듯 내뱉었다. 그의 불그레한 얼굴은 오후의 노동으로 번들거렸다. 지난 수십 년을 돌아보듯 존의 얼굴에 옅은 미소가 피어났다. 그는 카이와 같은 방향을 바라보고 있었다. 나는 고개를 끄덕이며 "흠" 하고 나지막하게 내뱉었다.

피오르의 반대편 거의 8킬로미터 떨어진 지점에 작은 빙원이 하얗게 빛나고 있었다. 빙원 아래 위치한 툰드라의 회녹색이나 적갈색과 대비되는 모습이었다. 우리는 계획을 점검하며 앞으로 무엇을 찾게 될지 생각하는 동안 멍하니 그곳을 바라보았다. 결국 카이는 한참 전에 잠깐 언급했던 논란에 대해 말을 꺼냈다. 그는 식물로 덮인 땅을 힐끗 보더니 그 위에 천천히 한 발을 내딛었다. 그러더니 감정이 담긴 목소리로 지질의 역사와 관련해 새로운 해석을 제기하는 논문에 대해 언급했다. 두 세대 연구진이 수년에 걸쳐 진행한 현장 관찰 결과와도 상충하는 해석이었다. 그는 이 새로운 주장이 한 계절의 탐사 결과만을 바탕으로 한 것이라 기존 연구와는 달리 깊이 있는 조사가 부족하다고 재빨리 덧붙였다. 그는 구체적인 위치와 특징에 주목해 새로운 사실을 발견하는 것이 우리의 임무라고 말했다. 그렇게 되면 상충하는 가설들의 문제를 해결할 수 있을 거라고 덧붙였다.

나는 그가 말하는 논문이 어떠한 논문인지 물었다. 지질의 세부 사항에 대해 의견 차이가 있는 것은 알고 있었지만(과학에는 논쟁이 있을 수밖에 없다) 딱히 떠오르는 특정한 논문이 없었다.

카이는 자신에게 한 부 있다며 나중에 보여주겠다고 했다. 그의 저음이 심각한 어조로 바뀌었다. 하지만 그는 이내 우리 앞에 놓인 풍경으로 주위를 환기시키며 웃음 띤 얼굴로 말했다. "일단은 다시 돌아온 걸 즐기자고."

우리는 이 장소의 경이로운 아름다움과 느낌에 대해 몇 마디

대화를 나누었다. 하지만 우리가 받은 인상을 사소한 농담이나 조용한 끄덕임으로 공유하기란 불가능에 가까웠다. 우리가 느낀 감정은 가슴 쪽에 가까웠다. 휴식을 마친 뒤 우리는 각자의 텐트를 치기 시작했다.

11시쯤 되자 30시간의 이동과 작업으로 피곤함이 밀려왔다. 잘 자라는 인사를 나눈 뒤 각자의 텐트로 돌아가 침낭 안으로 들어갔다.

나는 빨리 잠이 들었으나 한 시간도 안 되어 깨고 말았다. 흥분이 나를 압도해 깊은 잠에 들 수가 없었다. 나는 침낭에서 기어나와 겉옷을 걸친 뒤 부츠를 신고 텐트 밖으로 나왔다. 텐트의 방수 덮개 아래 놓아두었던 작은 배낭을 메고 마음을 가라앉히기 위해 능선을 따라 북쪽으로 하이킹을 하기로 했다. 구름이 잔뜩 낀 자정 무렵, 해의 어스름한 빛 속에서 주변의 색과 경계는 다소 흐릿해졌지만 풍경의 웅장함만은 그대로였다.

북극 툰드라는 잔디와 이끼, 사초과 식물, 키작은 관목, 지의류 등 고유의 식생들이 모여 있는, 대체로 단조로운 색상과 질감을 지닌 밋밋한 지역으로 여겨진다. 하지만 실제 이곳은 그런 모습과는 거리가 멀다. 툰드라의 생물군계는 식물학적으로 다양한 종을 자랑하며 성공과 가능성으로 충만한 진화론적인 혼

돈을 품고 있다. 돌로 둘러싸인 딱딱한 세상을 부드럽게 감싸안
는 포근한 벨벳인 셈이다.

  이끼는 정착 가능한 자리를 찾아 스스로를 그 안에 밀어넣는
다. 질감이 푸석푸석하고 가장자리가 둥글게 말려 있는 검은
색·흰색·오렌지색 지의류는 노출된 바위와 가지 위에 꽃처럼
앉아 있다. 땅딸막한 북극 버드나무는 헐벗은 상태로 기회를 노
리는 듯 이곳저곳 흩어져 있다. 꽤나 오만한 모습으로 서 있는
이 나무들은 키가 60센티미터 정도로 이곳에서 가장 큰 축에 속
한다. 지천에 펼쳐진 흰색, 분홍색, 보라색, 붉은색, 노란색 꽃들
이 녹회색 세상에 뿌려진 밝은 색의 보석처럼 반짝거린다. 황새
풀 한 무더기가 흔들리는 줄기에 솜털 같은 흰색 갈기를 흩날리
며 우아한 자신감을 뽐낸다.

  모든 식물은 다양한 조상들의 썩어가는 잔해 속으로, 수천 세
대의 유기쇄설물*을 덮고 있는 살아 있는 아한대의 피부로 뿌리
를 뻗는다. 식물들은 움푹 꺼진 곳에 옹기종기 모여 암석을 감
싸고 있다. 물을 모아 작은 웅덩이를 만들고 무성하고 축축한
몸으로 차가운 세상을 덮어준다.

  이 같은 장소에서는 시간이 멈춘다. 내가 21세기 풍경에 들어

_____

* 유기 물질의 부스러진 조각들

와 있는지, 원시 빙하기 시대에 와 있는지 알 수 없는 상태가 된
다. 이러한 무감각은 장소에 대한 경험을 더욱 혼란스럽게 만든
다. 지각력이 불안정해진 나는 어딘가 다른 세상에 무단 침입한
기분이다.

　첫 번째 노두에 도착하자 질척하고 두툼한 툰드라에서 부츠
를 빼내며 걸어서인지 완전히 지치고 말았다. 심장이 방망이질
했고 호흡은 가빠졌다. 높이가 6미터는 족히 되는 암석의 표면
에 기대선 채 잠시 숨을 고른 다음, 주위 풍경으로 감각을 확장
시켜 보았다.

　암벽은 평범했다. 회색 층의 재결정된 편마암으로, 우리가 앞
으로 몇 주 동안 수없이 볼 암석이었다. 지의류 군집 사이로 노
두의 절단면이 노출된 채 누워 있었다. 나는 확대경을 꺼내 오
랜 세월 동안 겨울철 얼음과 여름철 비로 깎이고 조각난 결정들
이 박혀 있는 돌의 표면을 들여다보았다. 완벽한 형태의 결정면
結晶面과 벽개劈開*면은 미세하고 날카롭지만 능선을 이루는 기반
암 뼈대의 둥근 표면을 이루고 있었다.

　몇 분 동안 약간 고군분투한 끝에 나는 암벽 꼭대기까지 올라
갔다. 하지만 그 잠깐 사이에 손가락 끝과 손바닥, 손가락 마디

---

* 광물이 결정면을 따라 쪼개지는 성질

에서 피가 났고, 나는 배낭에서 장갑을 꺼내 아픈 손 위에 꼈다.

작은 암석의 정상에 서서 위를 올려다보자 야영지에서 볼 때는 꼭대기라고 생각한 능선이 내 밑으로 수백 미터 뻗어 있는 진짜 능선 아래에 자리한 산마루 중 하나라는 것을 알게 되었다. 느긋한 산책은 어느덧 장거리 하이킹이 되었다. 숨을 깊이 들이쉬고는 다시 배낭을 메고 출발했다.

짙은 갈색의 물이 천천히 스미는 연못을 따라 걸었다. 어떤 연못은 푹신푹신한 베개와 같은 짙은 녹색의 이끼로 둘러싸여 있었고, 작은 물줄기가 흘러들어오고 나갈 때 몽유하듯 흐르는 물은 거의 잔물결조차 일으키지 않았다. 초목이 우거진 땅이 살짝 꺼지면서 형성된 작은 연못도 있었다. 조용한 사색을 즐기기 위해 지어진 사유 정원에 불쑥 침입한 것 같아 살짝 불편한 기분도 들었다.

바로 그때 나방과 거미, 거대한 호박벌이 어디에선가 나타나서 내 주위를 날아다니더니 순식간에 사라졌다. 날개가 있는 것들은 꽃에서 꽃으로 옮겨다녔다. 퍼덕거리는 날개의 힘을 받아 부산스럽게 날았다. 하지만 윙윙거리는 소리가 가까이에서 꽤나 시끄럽게 들렸던 호박벌을 제외하고는 방문객 모두가 조용했다.

내 존재가 불안한 듯 북극 굴뚝새가 오락가락했다. 보이지 않는 곳에서 불쑥 모습을 드러낸 굴뚝새는 내가 자신의 둥지를 약탈할까 봐 안절부절못하며 내 주의를 분산시키려고 애썼다. 하지만 굴뚝새는 걱정할 필요가 없었다. 잔디와 가지를 엮어 만든 뒤 아주 절묘하게 숨겨놓은 그 둥지를 찾을 재간이 내게는 없었으므로.

산마루를 두 개 더 넘고 간간이 나타나는 광활한 툰드라를 지나는 동안 이 섬세한 땅에 내 발자국이 미칠 영향이 서서히 걱정되기 시작했다. 매 걸음이 일종의 침입처럼 느껴졌다. 수천 년 동안 누구의 간섭도 받지 않았던 땅이 순식간에 난폭한 무단 침입의 공격을 받고 있었다. 양심의 가책을 느낀 나는 피해를 확인하기 위해 뒤를 돌아보았다. 하지만 놀랍게도 그곳에는 아무런 흔적도 없었다. 발걸음마다 축축하고 눅눅한 세상은 이 방랑하는 미물의 존재에게 항복했다. 그 세상은 자신의 가장 은밀한 모습을 수세기 동안 모르고 지낸 태양빛에게 잠시 자신을 드러냈지만, 내 부츠가 땅에서 들어올려지면 다시 몸을 숨겼고 '항복한' 땅의 무리는 다시 원래 형태로 돌아갔다. 그 땅에서 나는 오후의 산들바람보다도 존재감이 없었다.

처음에는, 그 높은 위도에 뿌리내리는 생명체의 힘이 그곳의 사고와 논리에 충분히 도전할 수 있을 거라고 생각했다. 하지만 내 존재의 하찮음을 깨닫는 순간, 어떠한 곳의 사고와 논리를

규정하는 것은 그 살아 있는 세계의 강인함과 끈기라는 사실이
명확하게 다가왔다. 내가 다른 환경에서 습득한 편향된 사고방
식은 이곳에 오자 저주파 우주 잡음, 배경에서 들리는 쉬잇 소
리에 불과했다. 나는 내 무지의 규모를 아직 가늠하지 못한 상
태였다.

   30분쯤 후 암석의 마지막 벽에 도달했다. 땀범벅된 지친 몸과
아픈 다리를 이끌고 가쁜 숨을 몰아쉬며 마지막 12미터짜리 노
두를 오르기 시작했다.

   산마루는 살짝 둥그런 모양이었다. 흰색과 회색의 황량한 편
마암으로 이루어진 널따란 평원에 푸석푸석한 이끼가 아무렇게
나 덮여 있었다. 나는 서둘러 정상으로 올라가 눈을 치켜떴다.

   숨이 턱 하고 막혔다. 지평선에서 지평선까지 족히 160킬로
미터 정도, 누구의 손길도 닿지 않은 야생이 무방비한 상태로
고요히 숨 쉬고 있었다. 얼이 빠진 나는 자연에 복종하듯 팔을
죽 뻗어 풍경의 장엄함에 취해보려고 천천히 주위를 둘러보았
다. 슬픔, 기쁨, 해방, 겸허, 고뇌 등 복잡한 감정이 내 안에 휘몰
아치면서 눈물이 솟구쳤다.

   동쪽으로 고개를 돌리자 놀랍게도 구름이 땅의 경계에서 끝
나면서 빙상에 합쳐지고 있었다. 이 같은 기이한 대기 현상은
그날의 기상 상태에 따라 대륙과 바다 위에 떠 있는 구름이 빙

하 위에 반사되어 퍼질 때 발생했다. 시퍼런 하늘이 빙하 위에
흩어지면서 눈부시게 흰빛이 빙하의 갈라진 틈에 꽂혔다.

빙하의 바깥 경계인 빙하 전선ice front의 날카로운 모서리는 땅
을 북쪽에서 남쪽으로 지그재그로 가로지르며, 상충하는 기대
로 가득 찬 세상에 들쑥날쑥한 경계를 만들어내고 있었다. 어
떤 곳에서는 흰색과 파란색의 빙벽이 수 킬로미터에 걸쳐 수십
미터 높이로 치솟아 있었지만, 차츰 낮아져 완만한 얼음 언덕과
계곡이 되더니 약간 기울어진 암반 표면이 드러났다.

반면 북쪽, 서쪽, 남쪽의 풍경은 피오르, 강, 호수, 산으로 이
루어진 일종의 모자이크에 가까웠다. 회색 하늘은 굽이쳐 흐르
는 물에 비추어지고, 어둡고 그늘진 땅은 평행하게 난 날카로운
능선의 모양에 맞춰 솟아올랐다 내려갔다. 기반암의 서쪽을 따
라 흐르는, 빙하가 깎아낸 손가락 모양의 능선은 서쪽 끝 지평
선 위로 데이비스해협을 가리키고 있었다. 이 같은 지형의 흐름
덕분에 풍경이 마치 움직이는 것 같았다. 그것은 움직임이 없는
순간에도 어떠한 역학이 작용하고 있다는 느낌이었다.

남쪽에는 우리가 방금 정박한 피오르가 있었다. 모든 피오르
가 그렇듯 단단한 기반암이 빙하에 깎여 생긴 이곳은 수백 혹은
수천 미터 높이의 절벽이 만들어낸 좁은 물길을 따라 바닷물이
흐르고 있었다. 너비가 8킬로미터가 넘는 부분도 있었고 3킬로

미터가 채 되지 않는 부분도 있었다. 우리의 야영지는 비록 바다와 접하는 경계에 있었지만 내가 처음에 올라간 작은 능선의 뒤, 바람이 닿지 않는 곳에 있었다.

한참 동안 나는 나 이외에 다른 사람이 존재하지 않는다는 환상에 빠졌다. 세상에서 유일한 영혼이 주변의 모든 것들이 보여주는 놀라운 야생성에 넋을 잃은 채, 그 능선에 서 있다고 생각했다. 그러한 생각에 사로잡혀 그곳에 서 있자니 막연하게 불편한 감정이 찾아왔다. 그 감정은 내가 그린란드에 머무는 동안 계속해서 생겼다가 사라지곤 했다. 그 감정은 슬픔이 아니었다. 그것은 인간의 언어에는 없지만, 야생에서는 넘쳐흐르는 그 무언가를 향한 조용한 갈망이었다. 나에게는 기회가 없고 심오한 대상과 연결될 수 없다는 기분이 들었다. 나를 사로잡은 그것은 이해할 수 없는 방식으로 그저 주위에서 어른거릴 뿐이었다.

1만 년 전쯤, 그러니까 마지막 빙하기에 지금 내가 서 있는 곳의 풍경은 수천 미터 두께의 빙하 아래 묻혀 있었다. 지금 내 눈앞에 보이는 계곡과 능선, 작은 언덕과 골짜기는 전부 육중한 몸을 이끌고 이동하는 빙하의 아래 놓여 있었다. 이곳은 고대의 빙하가 깎아 만든 비교적 젊은 지대였다. 빙하가 녹고 기반암이 노출되면서 빙하가 조각한 이 땅은 선구식물의 터전이 되었다.

한 계절이 지나고 또 다른 계절이 찾아오면서 천천히, 하지만 쉴 새 없이 식물들이 꽃을 피우고 시들다 죽어갔다. 식물의 남은 부위는 빙하가 갈라진 틈에 자리 잡았다. 이끼는 노두에 들러붙었으며 툰드라와 암석의 고르지 못한 부위에는 먼지가 쌓였다. 이 모든 것은 우리의 작은 야영지를 비롯해 상상도 못한 미래에 보탬이 되었다.

식물들이 자리 잡자 네안데르탈인과 크로마뇽인은 음식을 찾고 지형을 탐사하기 위해 작은 언덕과 산등성이를 걸어다녔을지도 모른다. 하지만 그들이 이 척박한 땅 어딘가에 정착했을 확률은 낮다. 살기에 더 적합한 땅은 남쪽 끝과 따뜻한 해안가에 자리하고 있었다. 그럼에도 불구하고 빙벽을 바라보고 있는 동안 나는 초기 인류가 빙벽의 가장자리를 따라 이동하는 모습을 상상하지 않을 수 없었다.

이해할 수 없는 광경이었다. 익숙한 거라곤 눈 씻고도 찾아볼 수가 없었다. 나무, 집, 거리, 차량이나 사람은 물론 어떤 종류의 움직임도 없었다. 나는 힘이나 과정에 적용되는 법칙이 지구와는 다른, 외계 세계를 홀로 걷고 있는 듯한 기분에 사로잡혔다.

그곳에 오래 서 있을수록 그린란드에서의 경험과 그곳에 대한 나의 기억이 더욱 거세게 충돌했다. 전과 마찬가지로 현존하는 모든 것에는 깊은 평온이 깃들어 있었다. 행동이나 물질에는 통일감이 있었고, 모든 것의 모양과 색깔을 결정짓는 데 어떠한 방해도 없었다. 하지만 무언가 엇나간 기분이었다.

그때 호박벌 한 마리가 윙 소리를 내며 귓가를 스쳐갔다. 벌이 계곡으로 솟구쳐 사라지는 순간, 엇나간 기분이 무엇을 의미하는지 확실해졌다. 나름의 역동성이 존재했지만 그럼에도 이곳은 너무나 고요했다. 나는 내가 잊고 있던 것이 바로 이곳의 정적이었음을 불현듯 깨달았다.

부드러운 산들바람이 내 얼굴을 간지럽혔지만 아무런 소리도 들리지 않았다. 멀리서 강물이 흐르고 일렁이는 수면은 미세하게 파르르 떨렸지만 어떠한 소리도 내지 않았다. 나는 사방을 둘러보며 들려오는 소리에 귀 기울여보려 했지만 아무런 소리도 들리지 않았다.

무언가 들렸다면 그것은 태곳적 세상의 자연에서 나는 소리였으리라. 40억 년 전, 황량한 이 땅에는 이따금 으르렁거리는 강풍소리나 폭발하는 화산을 제외하고는 아무런 소리도 없었을 것이다. 해양이나 대기 역시 바다가 대륙과 만나는 경계 부위에서 철렁대고 파도에 모래가 씻겨나가는 곳을 제외하고는 침묵이 계속되었을 것이다. 사실 지구 역사의 대부분을 지배한 것은 적막이었다.

이 적막이 천천히 깨지기 시작한 건 6억 년 전 동물이 등장하면서부터였다. 물고기가 철퍼덕 소리를 내고 벌이 윙윙거리고 공룡이 포효하고 새들이 지저귀고 말이 히힝 울고 마침내 인간이 말하고 노래를 하기 시작했다. 생명체가 이 세상에 가져온 소음은 점차 커지고 복잡해졌으며 도시가 내지르는 끊임없는 함성에서 절정을 이뤘다.

내가 서 있는 곳에서 소리를 지르거나 고함을 쳐봤자 모든 소리는 야생의 광활함 속에 묻히고 말 것이다. 이 땅은 측정이 불가능할 정도로 오래되었다. 한때 존재했으나 이제 거의 사라지고 만 것들의 흔적을 품고 있고, 소수 민족 집단 거주지의 유물로 존재하며, 침묵으로 기원의 노래를 전하는 땅. 그 거대하고 상상이 불가능한 광경은 어느 것이든, 무엇이든 껴안으라 말하고 있었다.

나는 마음을 진정시킬 방법을 찾기를 바라며 곳에 최대한 오래 머물렀다. 하지만 추위에 손과 발이 얼얼해진 데다 전날의 피로로 인한 여파가 밀려오자 더 이상은 있을 수 없었다. 결국 야생이라는 망토를 걸친 채 나는 캠프로 돌아갔다. 듣는 일에만 집중하려고 노력하면서.

다음 날 아침 부엌 텐트로 향하기 전, 나는 바다가 해변에 부딪히는 소리를 들으려고 피오르로 갔다. 우리가 떠나온 세상과의 연결고리를 찾고 싶었다. 바다에는 바람 한 점 불지 않았고 바다 표면은 유리처럼 반짝였다. 서서히 물결치는 약한 너울은 모래 한 톨 흐트러뜨리지 않았다. 들리는 소리라곤 내 안에서 나는 소리뿐이었다.

　나는 카이와 존이 있는 부엌 텐트로 가 그들과 함께 이번 탐사의 첫 아침식사를 했다. 우리는 식량이 담긴 상자 앞에서 통조림, 훈제 연어, 뮤즐리, 귀리, 우유, 빵, 설탕, 잼 등 각자 먹고 싶은 음식을 집어들었다. 식사를 하고 하루 일정을 점검하는 동안 나는 카이와 존에게 아침 산책에 대해 말하지 않았다. 혼자 돌아다니고 싶었다고 말하기에는 적당한 때가 아니었다.

피오르의 바다 한가운데
반짝이는 푸른 오즈의 나라

_신기루

우리가 그린란드에 간 것은 그 땅의 지질학적 역사를 밝혀줄 단서를 확보하기 위해서였다. 우리는 길게 늘어난 결정들이 습곡으로 휘어지고 뒤틀린 암석층을 비롯해 온갖 지체구조* 운동의 흔적을 찾아야 했다. 관찰한 지점과 샘플을 채취한 지점들을 지도에 표시하면서 야외 조사 동안에 잠정적으로 이야기를 맞추어나갔다. 우리는 채취한 샘플을 실험실로 다시 실어 보낼 것이다. 그리고 탐사를 마친 뒤 실험실로 돌아가 변형이 일어날 당시 암석의 온도가 얼마나 높았으며 암석이 얼마나 깊이 파묻혀 있었는지 등 역사의 다른 측면을 조합해볼 생각이었다. 야외 관찰에 실험실 연구 결과를 합치면 수십 억 년 전에 일어난 일에

---

* 지각과 같은 큰 규모의 지질이 이루는 구조

대해 사실에 기반한 역사를 쓸 수 있을 터였다.

　우리가 사라졌다고 가정한 산맥은 단순히 하나의 가능성이며, 그린란드 암석의 불확실한 패턴과 특징에 미묘하게 남아 있는 변화에 관한 잠정적인 해석이었다. 이 암석의 패턴들은 알프스나 히말라야산맥에서 발견되는 것, 즉 거대한 충상단층*, 엄청난 습곡, 극단적인 조건에서의 변성작용 등과 일치한다. 카이와 존, 그들의 동료를 비롯해 이전의 과학자들은 이 같은 유사점에 착안해 그린란드의 특정 지대가 오늘날 지구의 피부를 책임지고 있는 젊은 산지의 전신이자 옛 조상이라고 추정했다. 하지만 이 조상은 이미 오래전에 사라졌다. 바다와 대륙 사이에 지형학적인 균등을 추구하고자 하는 흐르는 물, 불어오는 바람, 빙하 침식의 지칠 줄 모르는 욕망에 의해 자취를 감췄다. 모든 것은 침식에 결국 자리를 내어주게 되었다.

　사라진 산맥의 존재를 확실히 입증하는 최초의 증거는 일찍이 발견되었다. 제2차 세계대전이 종식되자마자 덴마크에는 그린란드 지질조사소GGU가 창설되었다. 이곳을 통해 아르네 노에 뉘고르Arne Noe-Nygaard와 한스 람베르그Hans Ramberg를 비롯한 소수의 지질학자 그룹이 최초로 그린란드의 서해안을 체계적으

---

* 단층면이 45도 이하로 경사된 저각도의 역단층

로 연구하기 시작했다.

 그들은 얼음과의 충돌을 견디도록 특수 설계된 엔진 구동 선박을 타고 복잡한 해안 지대를 항해했다. 탐사 결과 장기적이고 강렬한 변형이 여러 번 발생한 증거가 보존되어 있는, 폭이 300킬로미터에 달하는 암석 지대를 발견했다. 이 지대가 위치한 지역의 이름(나그수그토크)과 이 암석들이 소성변형*으로 뒤틀려 있는 사실로부터 나그수그토키디안Nagssugtoqidian 변동대mobile belt**라 불렸다. 이 변동대는 그린란드 전체 땅을 동서로 가로질렀다. 이 변동대는 중요한 조산운동을 겪은 것처럼 보였지만 어떻게, 왜 그런 일이 일어났는지는 여전히 미지수였다. 몇 개의 독특한 지대들이 이 지역을 가로질렀는데 각 지대는 폭이 몇 킬로미터에서 몇십 킬로미터에 이르렀다. 이 지대들에 위치한 암석들은 가파른 각도로 기울어져 있었으며 동일한 방향으로 일관되게 배열되어 있었다. 이 암석 배열의 중요성은 한동안 간과되었고 그들이 지닌 지체구조적 중요성 역시 마찬가지였다.

 하지만 1960년대 말과 1970년대 초 아서 에셔Arthur Escher와 후안 와테르손Juan Watterson은 이 지대에는 암석이 심하게 전단剪斷된 결과 가파르게 경사진 평행한 판상의 층들이 포함된다고

---

* 물질이 부서지거나 깨지지 않으면서 형태나 부피가 변하는 변형
** 지체구조 운동이 일어나는 좁고 긴 지역

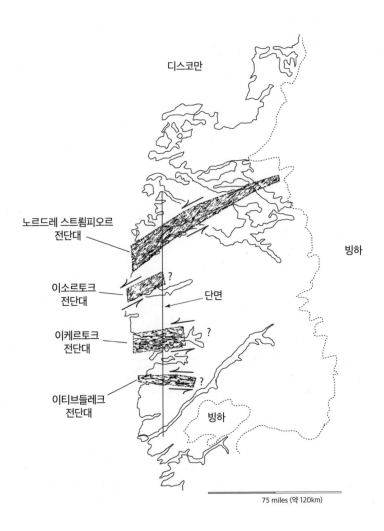

에셔와 와테르손이 제안한 전단대. 화살표는 이 지대들이 움직인 것으로
추론되는 방향을 보여준다. 수직선은 다음 페이지의 그림에서 보여주는
횡단면의 위치다. 카이 쇠렌센이 그린 그림을 변형했다.

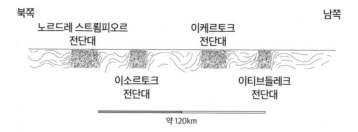

횡단면. 1976년경. 67쪽 그림의 암석에서
약하게 변형된 층을 전단대가 어떻게 교란시키고 있는지 보여준다.

주장했다. 각각의 지대는 결국 전단대shear zone라 불리게 되었으
며 각 지대가 발달한 지역의 이름을 따 이소르토크Isortoq, 이케
르토크Ikertoq, 이티브들레크Itivdleq, 노르드레 스트룀피오르Nordre
Strømfjord라는 이름이 붙었다. 노르드레 스트룀피오르 전단대
NSSZ의 경우, 전체 변동대의 북쪽 경계를 따라 분포하고 있기 때
문에 주목을 받았다. 이 지대는 빙하 근처에서 탐사가 이루어진
유일한 지역이었다. 다른 지대는 해안가를 항해하는 동안에만
지도작업이 이루어졌기 때문에 내륙의 어디까지 뻗어 있는지
는 알려져 있지 않았다.

지질학은 드라마가 가득한 분야가 아니다. 암석은 무심하게
우리의 탐사를 기다릴 뿐이며 우리가 꼼꼼히 들여다봐야만 점
진적인 변화가 담긴, 지루할 정도로 더딘 단서를 천천히 제공한

다. 하지만 관점이 뒤바뀌고 새로운 가설이 등장하며 학계를 깜짝 놀라게 만드는 일이 일어나기도 한다.

1987년은 그러한 변화가 그린란드 지질학계를 뒤흔든 해였다. 미묘한 변화였으나 전문가들에게 미친 영향은 엄청났다. 페이코 칼스비크Feiko Kalsbeek, 보브 피전Bob Pidgeon, 폴 테일러Paul Taylor가 내륙 빙하 근처, 변동대의 북쪽 경계에서 오늘날 안데스나 캘리포니아 시에라네바다에서 발견되는 것과 동일한 유형의 암석의 잔재를 발견했다고 발표한 것이다.[2]

거의 20억 년이나 된 이 암석들은 오늘날 안데스산맥에서 일어나는 일이 그린란드에서 일어났음을 보여주는 증거였다. 안데스의 경우 남아메리카 대륙이 서쪽으로 이동하는 동안 태평양 바닥에 올라타면서 이 해저를 수백 킬로미터 아래로 밀어버린 사례다. 지구 내부의 높은 열기 속으로 빠져들면서 파괴적인 지진을 일으키기도 하며 해저는 부분적으로 용융되고, 암석의 용융체는 서서히 지표로 다시 올라오게 된다. 안데스의 화산들과 산맥은 이 같은 과정의 결과다. 이 같은 유추가 정확하다면 나그수그토키디안 변동대 어딘가에는 사라진 해저의 흔적이 존재해야 했다. 하지만 아직까지 그러한 증거가 발견된 적이 없었다.

칼스비크와 동료들은 이 같은 수수께끼를 인정하며 해저가

두 작은 대륙의 충돌 속에 삼켜졌을 거라고 추측했다. 변동대
와 그 안에 자리한 주요 단층대fault zone*를 설명해주는 주장이었
다. 변동대와 단층대는 두 대륙이 정면으로 충돌한 결과 발생
했을 것으로 예상되는, 거대한 변형을 반영한 구조들이었다.
하지만 실제 충돌이 발생한 지대를 입증하는 증거는 상당히 희
박했고 어디서 오래된 남쪽의 대륙이 끝나고 북쪽의 대륙이 시
작되는지 식별할 수도 없었다. 게다가 그토록 오래전의 사건에
과연 판구조론을 적용할 수 있을지를 둘러싸고 논쟁이 끊이지
않았다.

　존과 카이, 그들의 동료가 연구를 수행한 지역은 이 같은 질문
에 대한 답을 제공할 수 있는 중요한 단서였다. 그들이 파악한
단서에 따르면, 칼스비크와 그 동료들이 묘사한 것과 동일한 종
류의 거대한 움직임과 변형이 필요했을 충돌 지대는 그들의 연
구 대상 지역 내에 있을지도 몰랐다.

　지구의 역사를 연구하는 사람은 극소수이며 살펴봐야 하는
지역은 광범위하다. 그리하여 진화하는 풍경에 담긴 이야기를
풀어내는 일을 업으로 삼는 이들은 특정한 상황에서 벌어지는
세부 사항과 미묘한 단서를 찾는 데 평생을 바친다. 알프스산맥

---

* 여러 개의 단층들이 밀접되어 분포하는 지역

의 역사에 흠뻑 빠져 평생 이 아름다운 산맥을 걷고 오르는 이
들이 있다. 히말라야산맥이나 캐나다 순상지*의 방대한 풍경만
을 연구하는 이들도 있다. 존과 카이, 나에게는 그 대상이 그린
란드였다.

　장소를 향한 열정은 개인적일 수밖에 없다. 자신이 매료당한
장소를 걷는 시간이 우리의 정체성을 형성하기 때문이다. 우리
가 선택한 장소는 우리의 존재에 스며든다. 그 장소는 우리의
손톱 밑에 박히고 머리카락에 엉켜 붙으며 피부에 피를 맺히게
하고 마음에 상처를 입힌다. 의식적이든 무의식적이든 생각마
저 그곳을 돌아다니는 동안 얻게 된 지식으로 가득하다. 기억
속에 남아 있는 그 세상의 풍경은 시도 때도 없이 예상치 못한
방식으로 우리에게 넌지시 말을 건네며 강요한다. 그곳에서의
경험과 지금 이곳에서의 삶이 지닌 연관성을 받아들이라고. 우
리가 갔던 장소와 본 것들이 우리를 이룬다.

　존과 카이는 그린란드의 역사를 정교히 다듬는 데 기여한 선
구적인 세대였다. 그들과 동료들은 그린란드의 습곡과 전단된
지층, 끊어지고 파쇄된 양상 등 '변동'대를 정의하는 특징을 구
체적으로 정리했다. 그들은 수년에 걸쳐 지체구조의 주요 요소

────────────

* 오래된 지각에 넓게 분포하는 기반암 지대

를 파악하고 일부 전단 지대를 따라 수 킬로미터나 이어진 변위의 증거를 기록했다. 그들의 논문은 권위 있는 과학 저널에 실렸으며, 이 같은 업적 덕분에 권위자로 인정받았다. 그린란드에 대해서라면 그들은 누구보다도 잘 알았다. 하지만 1990년대 야외 지질학자와 과학자로서 그들의 명성은 한 논문으로 인해 시험대에 오르고 말았다. 그 논문은 그들의 연구가 전반적으로 잘못되었다고 주장하고 있었다.

지질학조사소는 상당히 광범위한 지역에 소규모 팀을 수없이 보내곤 했는데, 각 팀은 매일 아침과 저녁 아시아트에 있는 기지국과 무전을 해야 했다. 응급상황이 발생할 때 재빨리 구조기를 보내기 위해서였다. 그해는 우리가 무전기로 체크인을 한 첫해이자 마지막 해였다. 그 뒤로는 그린란드 답사에 나서는 팀이 없었기 때문이다. 한 팀을 위해 기지국을 운영하는 것은 합리적이지 않은 일이었던 것이다. 체크인을 하기 전 우리는 다른 탐사팀과 헷갈리지 않도록 우리만의 이름을 정해야 했다. 우리는 그해 파견된 마지막 팀으로 가장 마지막까지 남을 예정이었다. 우리가 현장에 도착하기 전에 이미 다른 팀들이 여러 이름을 사용하고 있어 우리는 독특한 이름이 필요했다.

우리 셋은 멋진 이름을 생각해내려고 애썼지만 딱히 생각나는 이름이 없었다. 체크인 시간이 다가오고 있었다. 결국 체크인을 해야 하는 순간이 오자 존과 나는 카이를 쳐다보며 어깨를 으쓱했다. 카이는 입술을 달싹거렸고 전원 버튼을 누른 뒤 잠시 망설이다가 "여기는 팀 알파다. 오버."라고 말했다.

무전기 반대편에서는 잠시 아무 말이 없다가 곧 "환영한다. 팀 알파."라는 소리가 들려왔다.

무전을 마친 뒤 우리는 카이에게 왜 팀 알파라는 이름을 지었는지 물어보았다. 그는 우리가 탐사팀 중 나이가 가장 많기 때문에 알파 메일alpha male(우두머리 수컷-옮긴이)이 괜찮겠지 싶었다고 말했다.

나중에 부엌 텐트에 앉아 카이가 닭요리(우리가 앞으로 몇 주 동안 섭취할 수 없을 신선한 고기였다)를 준비하는 동안 우리의 계획과 난제에 대해 얘기를 나누었고 나는 전날 저녁에 나눴던 얘기를 다시 꺼냈다. 분위기는 금세 심각해졌다. 존은 카이를 바라봤고 카이는 고개를 끄덕였다. 존은 자료를 쌓아둔 곳으로 가서 5년 전에 출간된 17페이지에 달하는 논문을 나에게 건넸다.

그 논문은 카이와 존이 암석을 읽는 과정에서 근본적인 실수를 저질렀다고 주장했는데, 내용인즉슨 노르드레 스트룀피오르 전단대에는 커다란 움직임의 증거가 담겨 있지 않다는 것이었다. 카이와 존이 전체적으로 잘못된 해석을 하는 바람에 사소한 특징을 지체구조의 중요한 증거로 삼는 실수를 저질렀다고 지적했다. 전단대shear zone라는 용어는 지도에서 사라지고 대신 직선대straight belt*라는 단어가 써 있었다.

과학은 골치 아픈 분야다. 우리가 알고 있는 모든 정보는 현실을 단순화한 것으로, 결점이 내재되어 있을 수밖에 없다. 그 결과 우리가 하는 모든 일은 끊임없는 수정이 필요하다. 출간된 논문 또한 완벽할 수는 없다. 모든 과학자는 다른 이들이 자신의 논문을 보완할 거라고 기대한다. 다른 이들이 세상에 대한 질문을 해결하는 보다 구체적이고 세밀한 관찰 결과를 제공할 거라고 믿는다. 풍경의 진화를 둘러싼 이야기를 계속해서 다듬는 과정에서 초석이 되는 것은 영광스러운 일이다. 하지만 내가 읽고 있던 논문의 경우 카이와 존의 연구를 아예 묵살하고 있었다.

절반쯤 읽다만 나는 존과 카이에게 지질학에 대한 그들의 해석이 잘못되었다는 이 논문의 주장에 동의하는지 물었다. 둘 다 "물론 아니지!"라고 대답했다. 처음에는 둘 다 차분히 말을 이어갔다. 하지만 감정이 격해지자 그 논문에서 발견되는 수많은 모

---

* 실제 논문에는 '직선적인 편마암 지대'로 언급되어 있다.

순과 실수를 조목조목 따지기 시작했다. 암석에 대해 정말로 잘 아는 사람만이 알 수 있는 전문 용어들이 그들의 입에서 쏟아져 나왔다.

　카이는 절벽면에 수평으로 겹겹이 쌓인 층을 찍은 흑백 사진을 가리켰다. 그 논문에서 편마암의 수평층은 거의 수직으로 서 있는 전단대의 모델과는 부합하지 않는 구조라고 해석했다. "자네도 가봤잖나, 빌. 기억나나? 그 암석층은 수평층이 아니라고!"

　처음에는 그 장소도 암석도 기억나지 않았다. 카이는 내가 처음 그린란드 탐사를 떠났을 때 그곳에 가보았다고 말했다. 단층 지대의 경계를 살펴보는 탐사였다고. 그 말을 듣자 기억이 한꺼번에 밀려왔다.

　당시 우리는 노르드레 스트룀피오르의 남쪽 해안가에 자리한 작은 만에 야영지를 마련했다. 카이는 앞으로 살펴볼 지질 지대를 보여주기 위해 전단대의 남쪽 경계와 접하는 지역으로 우리를 데려갔다. 우리는 피오르를 떠나 하루 종일 하이킹을 했다.

　우리가 살펴본 모든 암석은 몇 센티미터에서 몇 미터에 이르기까지 다양한 두께의 어둡고 밝은 층의 띠를 지닌 편마암으로 수직으로 기울어져 있었다. 암석층은 전부 동쪽이나 북동쪽을 향해 있었다. 우리는 이 층을 가로질러 남쪽으로 걸어갔다. 길이 나 있지 않았으므로 카이는 개천과 작은 계곡을 따라갔다. 그 사진에 찍힌 절벽은 우리가 따라간 계곡의 서쪽 끝에 접해 있었다. 능선 끝에 다다르자 바위의 표면이 보였는데 어둡고 밝은 띠가 수직은 아니지만 가파르게 경사져 있었다. 카이는 우리를 멈춰 세우더니 더 남쪽으로 가면 암석층의 경사가 덜 가파른 모습을 띨 거라고 말했다. 우리는 전단대의 남쪽 경계에 와 있었다. 어둡고 밝은 층들은 지체구조대의 중앙부 구조와 평행한 방향으로 점진적으로 회전하면서 비틀어져 있었다. 사진 속 절벽에서 이 층이 수평으로 보이는 이유는 절벽면이 층의 경사진 단면과 정확하게 평행하기 때문이었다. 만약 절벽면이 층을 수직으로 가로지르고 있다면 층의 가파르게 기울어진 모습이 보였을 터였다.

지질학 입문 수업에서는 야외 조사를 제대로 하려면 꼼꼼히 관찰하고 측정해야 한다고 가르친다. 우리가 걷는 땅은 복잡한 지질학적 구조를 가로지르는 3차원적인 표면이다. 지질학적인 구조가 품고 있는 실제 형태를 이해하기 위해 능선과 계곡을 가로질러가며 지질의 형태를 지도에 그려넣는다. 암석을 직접 만져보고 지표면과 암석의 형태가 실제로 어떻게 보이는지 꼼꼼히 관찰해야 한다. 이 논문에 실린 사진은 해안가 어딘가 사진 찍기 좋은 곳이나 선박에서처럼 아주 멀리서 찍었기 때문에 그 해석을 지지할 만한 야외 조사의 증거로 보기 어려웠다.

어쨌든 현재 국제 과학계에서는 카이와 존이 출간한 논문이 아무런 가치가 없으며 수천 개의 실패한 이론 중 하나로 여겨지고 있었다.

논문을 다 읽고 나서 나는 우리가 처한 과학적 난제에 관해 존과 카이와 토론을 시작했다. 나는 그들이 얼마나 비탄에 빠졌을지 얼마나 불안했을지 느낄 수 있었다. 이 두 남자와 알고 지낸 것만 십수 년이었다. 나는 그들이 자료를 점검하고 분석하고 상충하는 아이디어에 관해 논하는 모습을 쭉 지켜봐왔다. 둘 다 생각이 깊은 사람들이었다. 존은 자료를 중시했으며 늘 논리와 엄격한 기준에 따라 정보를 분석하곤 했다. 엉성한 과학자와는 거리가 멀었다.

카이는 위대한 사상가였다. 단편적인 정보를 모아 산지 형성을 설명할 개념과 모델을 만드는 데 오랜 시간과 수많은 에너지를 쏟았으며, 지구의 진화 과정을 파악하는 데 크게 기여한 지질학의 거성들에 대해 연구했다. 패턴이나 상관관계는 처음에는 대개 불분명하기 때문에 파악하기가 쉽지 않다. 하지만 실을 자아 천을 만드는 그의 능력은 실로 뛰어났다. 내가 그들에 대해 알고 있는 모습에 따르면, 이 두 남자가 개념을 구상하는 과정에서 실수를 저질렀다는 주장은 받아들이기 힘들었다.

철두철미한 과학자였던 그들은 이번 탐사를 통해 이 같은 분란을 잠재울 수 있는 자료를 수집하고자 했다. 나를 초대했을 때 그들은 이 탐사의 목적이 풀지 못한 질문에 대한 답을 찾는 거라고 말했다. 분명 그것은 타당한 이유였다. 하지만 나는 이번 탐사가 우리 자신의 정당성을 입증하기 위한 여정이기도 하다는 사실을 깨달았다.

허심탄회한 대화가 오간 후 처음으로 맞는 아침은 참으로 고요했다. 시퍼런 하늘에 태양이 이글거렸지만 온도는 영하에 가까웠다. 조디악이 아르페르시오르피크 피오르를 향해 질주하는 동안 카이와 나는 바람을 피해 뱃머리에 앉았다. 나는 파카에 달린 모자를 머리에 뒤집어쓰고 장갑을 꼈다. 물이 굴절되는 햇살 조각을 받으며 양쪽으로 퍼졌고 바다 표면은 마치 거울처럼 반짝였다. 선외기가 웅웅거렸고 존은 조절판을 활짝 열어젖혔다.

우리는 노르드레 스트룀피오르 전단대의 북쪽 경계로 향하고 있었다. 수년 전 개략적으로 지도를 그린 지역이었다. 세부적인 작업은 거의 수행되지 않았는데 너무 먼 데다 가기도 쉽지 않기 때문이다. 우리가 갖고 있는 지도에서 이 지대의 경계는 검은색으로 그려져 있었지만 실제로 그곳에 가본 사람은 아무도 없었다.

우리는 암석의 조직과 입자가 식별 가능한 지역을, 기준점으로서의 지체구조적 표식지로 삼으려 했다. 정량화되고 분석가능하며, 훗날 측정과 비교를 위한 계량 분석이 가능한 무언가를 찾았다. 심하게 전단된 암석을 인식하기 위한 기준이 필요했던 것이다.

우리 셋은 반투명한 물을 지나가면서 피오르를 응시했다. 선외기의 웅웅거리는 소리가 들렸지만 우리는 이곳의 아름다움에 푹 빠지고 말았다. 언덕이 바다를 부드럽게 감싸안고 꽃이 만발한 개울이 기반암을 따라 폭포처럼 흐르는 정적인 경치였다. 우리는 남쪽으로 난 암벽에 의식적으로 집중하려고 했다. 습곡으로 휘어지고 전단된 편마암의 거대한 노출부위가 눈에 들어왔다.

그렇게 남쪽 피오르 밑단의 가파른 벽을 바라보고 있는데 갑자기 무언가가 서쪽으로, 피오르를 지나 저 멀리 사라지는 게 보였다. 더 살펴보기 위해 고개를 돌렸지만 혼란스럽기만 했다. 처음에는 경치가 일그러져 보이는 이유가 추위로 인해 내 눈에서 눈물이 흐르기 때문이라고 생각했다. 하지만 눈물을 닦고봐도 분명 무언가 대단한 광경이 수평선을 따라 춤추고 있었다.

피오르의 북쪽 땅은 광활하고 완만하게 경사져 있었다. 부드러운 능선은 험난한 둔덕과 툰드라의 미묘한 흐름을 따라 바닷

가로 비탈져 있었다. 몽상을 부르는 풍경이었다. 이른 아침의
태양빛 속에 목가적인 분위기가 물씬 풍겼다.

하지만 피오르의 저 아래쪽에서는 날카로운 청록색의 두꺼
운 수평 칼날이 땅을 가르고 있었다. 거대한 몸집의 화가가 땅
에 쓰윽 붓질을 한 것만 같았다. 청록색은 색상의 정수처럼 눈
부시고 강렬했다. 허공으로 수백 미터 뻗어 있는 것처럼 보였으
며 몇 킬로미터에 걸쳐 칠해져 있었다. 이 청록색 수평 띠 안에
는 도시에 솟아 있는 마천루처럼 흰색, 회색, 황갈색, 녹색의 수
직 기둥이 떠다녔다. 피오르의 냉랭한 바다 한가운데 반짝이는
푸른 오즈의 나라가 놓여 있었다. 동쪽과 북쪽에서는 이 푸른
띠가 아주 가느다란 선으로 좁아지고 있었는데 이 선은 면도날
보다 날카로운 지점에서 사라지며 완만한 언덕의 중간에서 끝
나고 있었다.

우리는 넋을 놓고 이 광경을 바라보았다. 우리가 배를 타고 계
속해서 나아가는 동안 구릉지에 자리한 거대한 암반은 쪼개진
채 푸른색 날 쪽으로 표류하다가 대기에 떠다니는 마천루가 되
었다. 암반의 크기는 어마어마했다. 폭이 몇 킬로미터에 높이가
수백 미터는 되어 보였다. 암반은 천천히 피오르로 떠내려가는
동안 형태를 바꿨다. 각진 기둥에서 질감과 패턴이 가득한 길쭉
하고 부드러운 형태가 되는 등 특정한 형태를 이루지 않다가 천

천히 사라졌다. 안개로만 이루어진 것처럼 스르르 증발해버렸
다. 그 장면은 너무 충격적이었다. 존은 시동을 껐고 선체는 몸
을 낮췄다. 엔진의 포효가 멈추자 우리는 배를 조류의 흐름에
맡긴 채 서서히 이동했다.

　우리는 몇 분 동안 조용히 앉아 있었다. 조디악이 느린 해류를
따라 천천히 회전하고 떠내려가는 동안 눈앞의 신기루를 바라
보고 있었다.

　그러다가 수백 미터밖에 떨어져 있지 않은 인근 섬이 서서히
시야 안으로 들어왔다. 그 섬은 이끼와 관목, 지의류로 덮인 암
석으로 가득한 작은 둔덕이었다. 우리 지도에서 이 섬은 아주
작은 점으로 그려져 있었으며 일부러 찾지 않는 한눈에 띄지
않을 정도였다. 이 작은 섬이 우리와 신기루 사이에 나타나자
이제 굉장한 쇼를 볼 수 없다는 생각에 애석한 마음이 밀려오
기 시작했다.

　그러다가 느닷없이 저 멀리 보이는 푸른색 선이 천천히 작은
섬을 자르며 지나갔다. 외과 수술 장면처럼 정교하게 펼쳐진 그
광경 앞에서 우리는 경험과 기대의 불일치를 쉽사리 인지하지
못한 채 넋을 놓고 있었다. 단언컨대 우리 바로 앞에서 작은 섬
은 얇은 청록색 층을 사이에 두고 상층과 하층으로 나뉘었다.

　나는 눈앞의 광경을 받아들이려고 애썼다. 그 광경이 의미하

는 바는 명확했다. 거대하고 저 멀리 있는 것처럼 보였던 것은 이제 연필만큼이나 가느다란, 팔만 뻗으면 닿는 곳에 위치한 신기루에 불과했다. 이 신기루는 나비처럼 내 코앞을, 우리가 탄 보트와 작은 섬 사이를 날아다니고 있었다.

그 순간, 다른 이들과 함께 봤기 때문에 진실이라 믿었던 것들이 갑자기 명백한 거짓이 되었다. 하지만 우리에게는 이 같은 모순을 해결할 시간이 없었다. 우리에게 꼭 필요한 자료를 수집할 기회를 제공할 목적지가 저 멀리에서 우리를 기다리고 있었다. 게다가 오후의 바람이 거세지면서 캠프로 돌아가기도 쉽지 않았다. 존은 아무 말도 하지 않은 채 시동을 걸었고 우리는 계속해서 앞으로 나아갔다.

작은 섬을 돌아가자 경외심을 불러일으키는 장대하고 고요한 모습의 신기루가 다시 눈앞에 나타났다. 그렇게 10분 정도 더 우리 곁에 머문 신기루는 어느 순간 연기처럼 홀연히 사라졌다.

냉랭한 피오르 바다 때문에 차가워진 안개 자욱한 공기는 우리의 시야에 굴절된 빛을 제공한다. 빛은 잘 알다시피 다양한 상황에 따라 휘어지고 왜곡된다. 우리가 감각할 수 있는 것은 전자기 스펙트럼의 10억 분의 1도 안 되며, 이는 우리의 신체가 이를 감지하기 위해 사용하는 기관의 민감도와 좁은 물리적 환경에 영향을 받는다. 우리가 많은 것을 인식하고 그 아름다움을 느낄 수 있지만, 유전적으로 제한된 신체와 신체가 움직일 수 있는 공간의 한계 때문에 큰 제약을 받는다. 우리가 보는 세상은 우리가 연출한 축제로, 이 축제가 열리는 미지의 세상은 우리가 절대로 이해할 수 없는 신기루와 정적, 왜곡된 진실을 불러들인다.

당시에 나는 신기루가 시각적인 지진, 때로는 엄청난 규모로 발생하는 지진이라는 사실을 알지 못했다. 이 같은 파열은 지표면의 흔들림이 시작되기 몇 분 전 우르릉 하는 낮은 소리와 함께 시작된다. 그러한 힘과 그 힘이 가져올 잠재적인 파괴력을 알 경우 우르릉 하는 소리가 들려오는 방향을 파악할 수 있으며 그 힘이 미칠 영향에 대비할 수 있을지도 모른다. 하지만 나는 그 함의를 알지도 인식하지도 못했다. 그 후 몇 주, 몇 달 동안 그 야생 지역은 흔들리는 땅 그 자체였다.

우리는 그날 전단대의 북쪽 경계를 발견했지만 예상했던 위치가 아니었다. 예측도에서 검은색 선으로 표시된 경계부는 실제로는 그곳에서 몇 킬로미터 떨어진 지점에 위치해 있었다. 우리는 예기치 못한 암석을 발견하기도 했다. 이 모든 것이 의미하는 바는 전혀 명확하지 않았다. 이를 바탕으로 우리는 수많은 가설을 세워봤지만 이 가설들은 그 어떠한 문제도 해결하지 못했다.

 이는 미묘한 경고이기도 했다. 지도의 선들은 경계를 의미한다. 경계는 기대를 낳고 한계를 규정한다. 경계는 단순화와 분류를 통해 우리가 생각 없이 반응하도록 만든다. 하지만 자연은 흐름이자 과정이지, 한계가 아니다. 우리가 지도에 표시한 지점은 기껏해야 이곳이 저곳과 다르다고 말해주는 근사치일 뿐이다. 샘플을 수집하고 측정하고 기록한 장소를 정말로 이해하려면 경계는 또 다른 형태의 환영일 뿐이라는 사실을 받아들여야 했다.

깨진 암석에는
꿈의 잠재력이 살아 숨쉰다
_암석 깨기

거의 20억 년 전 노르드레 스트룀피오르 전단대에서는 도대체 무슨 일이 일어났던 것일까? 깨어 있는 내내 이 질문이 머릿속에서 떠나질 않았다. 우리가 걷고 있는 이 길 어딘가에 대륙이 충돌한 최초의 접촉 지점이 있을까? 그 사실을 입증하는 표식은 무엇일까? 아니면 땅덩어리들이 얽혀 있다는 전제는 잘못된 역사 해석이자 결함 있는 가설이었을까? 전단면이나 직선대를 설명해주는 해석은 무엇일까? 전단대의 북쪽 경계로 떠난 탐사 과정에서 우리는 더 많이 관찰하고 더 풍부한 자료를 얻을 수 있었지만 상상력을 자극할 만한 맥락을 확보하지는 못했다.

잠시 머리를 식힐 겸 우리는 작은 언덕 주위나 야영지 근처 해안을 따라 이따금 짧은 산책을 떠나곤 했다. 천천히 편안하게 걷는 산책이어서 느긋하게 주위를 살펴볼 수 있는 기회였다. 무엇을 발견하든 다시 돌아올 수 있었기 때문에 이런 산책을 떠날 때면 우리는 돌망치와 확대경, 공책만 배낭에 넣어 갔다. 필요할 경우 지표 아래로 내려가는 데 필요한 최소한의 장비였다.

어느 날 늦은 오후, 우리는 텐트를 치자마자 해안가를 따라 서쪽으로 산책을 나섰다. 전에 가본 적이 없는 지역으로 해안가를 따라 걷다 보면 이 지역 암석들의 세부 정보와 패턴에 익숙해질 수 있을 거라 생각했다.

산책을 떠난 지 얼마 안 되어 존은 우리가 '연필 편마암pencil gneiss'이라 부르게 된 특이한 암석을 발견했다. 칼스비크와 그의 동료들이 충돌 지대 혹은 대륙 사이의 '봉합대suture zone*'라는 개념을 제안하는 데 영감을 준 화성암과 같은 유형의 암석이었으나, 우리가 발견한 이 암석의 경우에는 서서히 냉각한 화성암의 뚜렷한 조직이 길게 늘어난 연필 조각 같은 형태로 바뀌어 있었다. 원래 1센티미터 남짓 크기로 반듯했던 결정들이 몇 미터 길이의 얇은 선으로 늘어나 있었는데, 평행선의 다발들이 편마암 내에서 연필 모양을 이루고 있었다. 이런 연필 모양은 이 지역에서 일어난 극단적인 전단작용의 생생한 증거였다. 우리는 사진을 찍고 기록을 한 뒤 사실에 기반한 또 다른 상상의

---

* 서로 다른 역사를 가진 지체구조가 합쳐져 만들어진 경계 지역. 가령 육지에서 발견되는 과거의 판의 경계부

말뚝을 땅에 박았다. 이제 그러한 특징이 전단대 전반에 걸쳐 나타나는지, 아니면 그저 국부적인 특징에 불과한지가 의문이었다. 우리는 다음번 만은 또 어떠한 모습일지 궁금해하며 계속 걸어갔다.

해안을 따라 몇백 미터 더 걸어가자 기이한 절벽면이 나타났다. 흐릿하고 어두운 선들이 표면에 무늬를 이루고 있었는데, 바람이 살짝 빠진 축구공이 쌓여 있는 모습과 상당히 비슷했다. 노두를 샅샅이 살피며 우리가 아직 이해하지 못한 조각을 이어붙이려고 노력했다. 우리는 경험에서 건져올릴 수 있는 모든 생각을 점검하며 여러 대안을 논의했다. 계속 머릿속에 떠오른 것은 막 흘러나온 뒤범벅된 눈물 덩어리였다. 마치 지구가 흘린 눈물처럼.

우리는 마지못해 가장 그럴듯한 답에 서로 동의했는데, 우리가 보고 있는 것이 베개 현무암이라는 화산암의 변형된 조각(길이 45미터에 폭이 15미터 정도)이라는 것이었다. 여러 차례 습곡과 전단작용을 경험하며 복잡한 역사의 증거를 간직한 주변 암석들과는 달리, 베개 현무암은 단순한 역사를 가진다. 그들은 고대 바다의 해저에 분출한 다음 변성되었고 한 차례의 습곡작용을 받았다. 이 암석의 조각은 훨씬 극심한 변형을 경험한 전단대 편마암이나 편암들로 둘러싸여 있는 렌즈였다. 주위 암석과의 차이는 극명했다.

　이 같은 해석이 옳다면 그 암석이 지니는 의미는 결코 가볍지 않을 터였다. 지중해나 대서양만 한 해양분지는 보통 대륙을 분리하는 역할을 한다. 대륙이 서로를 향해 다가갈 경우 그들 사이에 놓인 해저는 경계부가 닳게 되고 이 경계부는 대륙이 서로 부딪히는 순간 충돌대가 된다. 이 같은 충돌이 수천만 년 동안 이어지면 한때 해저 지층의 퇴적물과 베개 현무암이었던 암석들이 서서히 전단되고, 뒤틀리고, 재결정화된다. 이 같은 '뿌리' 지대에서 알프스 같은 산맥이 융기하는 것이다. 우리가 발견한 휘어진 베개 현무암이 오래전에 사라진 해양분지의 잔해라면 우리는 그 봉합대를 찾은 거였다. 그 얇은 절단 부위는 한때 폭이 수천 킬로미터에 달했을 바다의 잔재였다. 그렇다면 우리는 15년 전 칼스비크와 그의 동료들이 그곳에 있을 거라 추정하며 그토록 찾아 헤맨 대양을 우연히 발견한 것일까?

　하지만 이 같은 지역을 발견했다는 흥분감에는 비평이 따라왔다. 우리 셋 다 하나의 사실이나 관찰 결과를 거창한 이론의 증거로 해석했지만 그 후 더 많은 자료와 관찰 결과를 통해 이 이론이 무너지는 경험을 한 적이 있었다. 그랬기에 노두 한 개가 해저의 존재를 입증하는 구체적인 증거가 된다고 확신할 수 없었다. 하지만 그렇다고 이를 아무 의미 없는 증거로 치부할 수도 없었다.

　며칠 후 이 지대를 따라 서쪽으로 걷다가 우리는 베개 현무암에 담긴 것과 동일한 역사를 보여주는 또 다른 작은 암석 조각을 발견했다. 이번에는 감람암이라는 다른 종류의 암석이었다. 감람암은 현무암질의 용암을 만드는 근원암으로, 우리가 발견한 암석은 지질학자들이 해저에서 분출한 용암과 연관된 암석이라 생각하는 것과 정확히 동일한 암석이었다.

　우리가 우연히 진짜 충돌 지대를 발견한 것이었을까? 두 노두만으로 이러한 상상적인 도약을 단정 지을 수는 없었다. 산지 형성의 역사는 장대하며 한 챕터만으로 이루어지지도 않는다. 노두는 그중 한 챕터에 등장하는 한 단락일 뿐이며, 우리는 우리가 모르는 언어로 쓰인 고대의 텍스트를 읽으려고 노력하는 역사가일 뿐이다. 하지만 과거에 알려지지 않은 무언가가 밝혀지고 있는 것만은 확실했다. 이 지대에는 어마어마한 변형과 움직임이 있었으며 그 과정에서 해양분지 전체가 삼켜져 버리기도 했다. 이 충돌 지대의 존재를 의심하는 사람은 아무도 없었다. 연필 편마암과 이 두 노두 사이에 존재하는 무언가가 존과 카이의 오명을 씻어줄 수 있을 터였다.

　카이와 존은 확실히 만족하는 것처럼 보였으나 둘 다 말을 삼갔다. 그들은 우리가 관찰한 증거를 어떻게 해석할지 심사숙고 했다. 하지만 긴장이 조금은 풀린 듯 보였다. 우리는 전단대가 놓인 지역을 따라가며 더 많은 연필 편마암을 발견했다. 이 지역을 따라 강력한 변형이 일어났음을 보여주는 반박 불가능한 증거였다. 하지만 동일한 암석 지대에 놓인 해저였을 두 노두는 상황을 더욱 복잡하게 만들었다. 우리는 해양 지각으로 보이는 이 증거가 실제 전단대에 있었을 거라고 생각하지는 않았다. 즉 전단대 자체가 봉합대라고는 생각하지 않았다.

 해저 현무암으로 추정되는 증거가 지질 구조상으로 중요하다면, 같은 시대에 존재했던 암석이 노출된 다른 지역에도 더 많은 숨은 이야기가 존재해야 했다. 그래서 우리는 베개 현무암에서 서쪽으로 몇 킬로미터 떨어진 곳으로 야영지를 옮겨 아무런 자료가 존재하지 않는 곳에 아타네크 피오르Ataneq Fjord에서 발견되는 것과 같은 종류의 암석의 방향을 따라 베이스캠프를 마련했다.

 선선한 바람이 불어오던 청명한 어느 날 우리는 조디악을 타고 피오르의 머리 부분 근처, 야영지의 동쪽으로 향했다. 깨끗한 공기 때문이었는지 무언가 대단한 것을 발견할 수 있을 것만 같아 괜히 마음이 들떴다. 우리는 깨끗한 바다를 부드럽게 가로질러가며 툰드라로 덮인 평화로운 능선과 계곡, 낮은 둔덕을 바라보았다.

우리는 그렇게 몇 킬로미터를 항해한 뒤 북쪽 해안가에 배를 대고 노두를 따라 걷기로 했다. 썰물이 되자 자갈 깔린 백사장이 드러났다. 존은 뱃머리를 휙 돌린 후 시동을 껐고 배는 미끄러지듯 모래에 정박했다. 나는 배에서 뛰어내려 바위에 밧줄을 묶었다. 우리는 돌망치와 배낭을 집어들고 동쪽으로 걷기 시작했다. 얼마 안 가 나는 한때 녹은 마그마의 관입*으로 생긴 가느다란 암맥이 보이는 독특한 바위에 정신을 빼앗겼다. 존과 카이 둘 다 별로 관심을 보이지 않자 나는 곧 따라갈 테니 먼저 가라고 했다.

10분 정도 그곳에 머무른 뒤 나는 해안을 따라 걸어갔다. 아침 느지막이 태양빛을 받으며 혼자 걷는 산책은 즐거웠다. 작은 파도가 내 왼쪽에서 찰싹거렸다. 남실바람이 불어와 모기장이 필요 없었고 파카를 벗어도 될 만큼 따뜻했다.

잠깐 걷다 보니 자갈 깔린 해안가의 경계에 흰색 벽처럼 서 있는 반짝이는 암벽이 눈앞에 보였다. 바위투성이 표면에는 정교하고 가느다란 실 같은 흰색 규선석 결정이 가득했다. 맨눈으로는 거의 식별이 불가능한 결정들이 물결치듯 흐르는 평행한 섬

---

* 마그마가 지하의 암석을 뚫는 현상

유의 배열에 맞춰 가지런히 박혀 있었다. 이 흰색 섬유조직 내에는 골프공 크기의 진붉은색 석류석이 촘촘하게 뿌려져 있었다. 옅은 운모와 검은 흑연 조각이 태양빛을 받아 반짝였는데 이 조각들이 파도 같은 표면 곳곳에 퍼져 있어 노두가 마치 잔물결을 치며 움직이는 피부처럼 보였다. 잠시 미술관에 와 있는 듯한 착각에 빠진 나는 아름다운 것들을 만드는 초월적인 존재가 구상하고 완성한 걸작을 넋을 놓고 바라보았다. 다가가 경건한 마음으로 암벽을 손으로 쓸어보았다. 석류석 덩이가 손가락 끝에 단단하게 부딪히는 감촉을 느끼며 내 손길이 신성모독인 것만 같다고 생각했다.

석류석 다발, 반짝이는 흰색 결정의 가닥, 그리고 그곳에 침투한 나의 손가락을 둘러싸고 서서히 역설적인 감정이 일기 시작했다. 내가 서 있는 곳, 이토록 아름다운 모습과 결정이 따뜻한 태양빛을 받고 있는 이곳의 풍경은 너무도 광활해 또다시 누군가의 손길이 닿거나 누군가 발견하게 될 확률이 극히 낮았다. 이 반짝이는 벽은 기반암 노두가 견디는 일상적인 고독일 뿐이었다. 더러운 손가락의 움직임을 조종하는 이 미약한 머리에서 나온 그런 생각만으로도 이 헐벗은 암석이 어찌 그토록 아름답게 보일 수 있는지 정말 기이했다.

광물은 태양빛을 받아 반짝였다. 어른거리는 아름다운 패턴은 철썩이는 파도나 부드러운 바람과는 무관했다. 배낭에서 카메라를 꺼내 사진을 찍으려다가 그만두었다. 사진을 찍는 것이 무슨 의미란 말인가? 사진에 담아둘 만한 가치가 있는 현실이 있다면 그것은 장소를 향한 감정이었다. 오래전 지구 깊은 곳에서 형성된 정교한 암벽과의 짜릿한 교감을 꿈꾸는 부드러운 열정이었다. 갑자기 이곳에서는 모든 것이 동등하다는 생각이 들었다. 위계질서 따위는 없었고 모든 것은 아름답거나 그렇지 않을 뿐이었다. 가치는 희소성이나 차이를 향한 욕망에 좌우되기 마련인데 이곳에서는 그 어떤 것도 의미가 없었다.

자갈투성이 해변을 걷는 동안에는 첨벙거리는 파도 소리나 내 부츠가 내는 뽀도독 소리밖에 들리지 않았다. 나는 그토록 원하던 곳에 와 있었다. 야생의 고독 속을 홀로 걷는 시간이었다. 태양빛, 파란 바다, 패턴을 이룬 암석 곳곳에 고독이 스며 있었다. 나는 늘 그러한 곳을 갈망했다. 어린 시절 집 근처 언덕을 혼자 걷곤 했는데 그럴 때면 나를 괴롭히거나 싫어하는 친구들로부터 도망칠 수 있었다. 그곳은 어린아이의 피난처였다. 어린 나는 태양으로 달궈진 잔디 냄새와 윙윙거리는 곤충소리, 잡초 사이로 스르륵 사라지는 뱀의 갑작스러운 스침 뒤로 나 자신에 대한 실망감을 감출 수 있었다. 말린 잎사귀 뒤에 숨어 있는 무당벌레를 찾아내거나 텅 빈 해변을 파헤쳐 그 속에 들어 있는 농게를 캐내는 것처럼, 숨겨져 있는 것들을 발견하는 경험은 나의 상상력을 자극하고 키워주었다. 내 어린 시절의 그 역할을 이제 이 흰색 암벽이 하고 있었다.

잠시 후 나는 카이와 존을 따라잡았다. 관찰 결과를 기록하는 일을 주로 담당하고 있는 카이는 이따금 몽당연필의 흑연심을 혀에 갖다대며 자신의 노트에 무언가를 적었다. 그의 왼쪽 셔츠 주머니에는 다른 몽당연필이 몇 자루 들어 있었다. 몽당연필은 카이가 가장 좋아하는 필기도구였다. 그가 이 몽당연필을 어디에서 구하는지는 모르지만 몽당연필은 떨어지는 법이 없었다. 다른 쪽 주머니에는 늘 작은 연필깎이가 들어 있었다.

그들을 보자 나는 흥분해서 석류석-규선석 편암으로 된 작은 절벽을 보았는지 물었다. 카이는 아무렇지 않은 표정으로 그 부분에 관해 자신이 기록한 내용을 보여주더니 이렇게 물었다.

"몇백 미터에 달하는 초고철질암으로 보이는 녹색 암석도 보았나?"

나는 그런 것을 보았는지 기억을 짜내보았지만 기억이 나지 않았다.

"농담하는 거지? 가서 보고 오게나. 존은 그게 정말 중요하다고 생각한다네."

나를 꾸짖는 것은 그들이 즐기는 취미였다. 내가 돌아가려고 하자 뛰어난 야외 지질학자인 존은 그 부위가 감람암의 구조적인 조각처럼 보였다고 덧붙였다.

카이가 말한 곳을 찾는 일은 어렵지 않았다. 길쭉한 암석은 피오르의 작은 만을 만든 노두에 노출되어 있었다. 노란색을 띠는 녹색 암석은 작았다. 너비 1.8미터에 길이 6미터 정도로 밝은 층과 어두운 층이 번갈아가며 이 암석을 감싸고 있었다.

그 길쭉한 암석은 감람암이 맞았다. 감람암은 보통 퇴적물과 함께 산출되지 않는다. 퇴적물에서는 석류석이 풍부한 암석이 생기기 마련이다. 이 두 암석이 가까운 곳에 위치하려면 구조적으로 강렬한 힘이 필요했다. 이 암석들은 '사라진 바다' 가설을 지지할 또 다른 증거였다.

노두에 쭈그리고 앉아 조직과 광물을 자세히 들여다보자 한 층이 특히 두드러져 보였다. 초고철질암에서 1미터 떨어져 있는 15센티미터에 달하는 검은색 층으로, 노란빛이 나는 녹색 암석의 경계부와 완벽하게 평행을 이루고 있었다. 그 안에 석류석이 있는 것처럼 보였지만 너무 작아서 판별하기가 불가능했다. 샘플을 수집해야 했다.

우리 각자에게는 돌망치가 두 자루씩 있었다. 무게가 얼마 되지 않는 망치는 대부분의 암석에 사용이 가능했고 2.5킬로그램에 달하는 큰 망치는 특히 깨기 어려운 암석에 사용할 수 있었다. 검은색 암석층은 표면에서 몇 센티미터 위로 솟아 있었다. 침식에 잘 견디고 아주 치밀해 보였다. 나는 큰 망치를 꺼내들었다.

전 세계를 돌아다니며 온갖 암석을 깨보았지만 이 암석은 내가 여태껏 만난 그 어떤 암석보다도 단단했다. 망치를 내려칠 때마다 쇠 부분이 큰 소리를 내며 바위에서 튕겨나갔다. 나는 더 세게 내려쳤다. 금방이라도 두꺼운 나무 손잡이 부분이 쪼개질 것만 같았다. 계속해서 내려치자 결국 암석에 미세한 균열이 생기더니 점차 커졌다. 나는 얼얼한 손으로 마침내 주먹만 한 작은 샘플을 채취할 수 있었다.

작은 샘플은 예상 외로 무거웠다. 새로운 표면은 깨진 유리처럼 반짝였다. 입자가 무척 가늘고 촘촘했다. 나는 광물을 자세히 살펴보기 위해 확대경을 꺼낸 뒤 샘플을 얼굴 가까이 가져다 댔다. 그런데 별안간 그슬린 머리카락, 뜨겁게 달군 금속, 사막 먼지 같은 희미한 냄새가 샘플 표면에서 대기로 퍼져나갔다. 깜짝 놀란 나는 하던 일을 멈추고 숨을 깊이 마셨다. 의심할 여지도 없었다. 새로이 모습을 드러낸 반짝이는 표면에서 냄새가 올라오고 있었다.

내가 암석을 망치로 깨는 순간 암석이 노두의 얼굴에 꼭 붙어 있을 수 있었던 화학 결합이 깨지고 말았다. 작은 결정에 금이 갔고 알갱이의 경계가 갈라졌으며 밀도 높은 암석에 균열이 생겼다. 결정 구조에 갇혀 있던 원자와 분자가 20억 년 만에 처음으로 깨끗한 공기와 따뜻한 북극 태양 광선에 노출되었다.

　변위되고 깨져버린 초미세한 입자와 무기 분자는 균열된 부위에서 떨어져나와 보이지 않는 원자의 장단에 맞춰 공기 중에서 춤을 췄다. 부드러운 바람의 예측 불허한 변화에 맞춰 움직였다. 해방된 파편은 대기 중으로 퍼져나가 내 얼굴로 다가오더니 결국 나의 기도에 자리한 감각 기관에 영향을 미쳤다. 예상치 못한 감각들이 자극을 받았다. 깨진 암석의 파편에서 그슬린 머리카락 냄새, 뜨거운 암석, 사막 모래 냄새가 날 줄이야!

　이 깨진 표면은 호기심에서 비롯된 폭력적인 행위로, 이 세상에 탄소와 칼슘, 마그네슘 원자를 쏟아냈다. 그 암석을 만든 모든 것, 평소라면 아주 느린 침식을 통해 바다로 흘러들어갔을 모든 것이 일순간 바람을 타고 날아갔다. 그 암석층의 원자는 삶을 가능하게 만드는 분자의 구성요소였다. 소듐에서 셀레늄에 이르기까지 모든 것이 폭발해 바람에 실려갔다. 이 모든 성분의 화학 반응이 낳은 뉴런과 시냅스의 뒤엉킨 네트워크 속에 생각과 상상력이 떠다녔다. 꿈의 잠재력이 그곳에, 내가 냄새를 맡고 있는 그 암석의 원자 안에 있었다.

원자와 분자가 결국 어떠한 형태를 취할지는 알려지지 않은 미스터리이자 길고 끝없는 여정의 부분적인 이야기에 불과했다. 원자와 분자는 한번 방출되면 무언가 새로운 것의 일부가 될 수밖에 없다. 한때 속했던 광물 구조와는 완전히 다른 물질이다. 이 작은 샘플을 추출하는 파괴적인 행위는 미약하게나마 해방이자 창조 행위로, 의도적은 아니지만 미래에 작은 변화를 가져오게 되었다.

나는 샘플을 집어들어 '468 416'이라고 꼬리표를 붙인 뒤 사진을 몇 장 찍었다. GPS를 꺼내 위치와 더불어 몇 가지 관찰 결과를 노트에 적은 뒤 전부 배낭에 넣었다. 실험실 분석 결과 이 작은 샘플이 태곳적 암석에 담긴 역사에 관한 우리의 예상을 산산이 부수게 될 거라고는 생각조차 못한 채.

인간의 손에서
탄생하지 않은 풍경

_꽃이끼

그린란드에는 지의류가 넘쳐난다. 조간대tidal zone* 위쪽의 모든 노출된 암석의 질감과 색상은 이 지의류 무리와 그들이 남긴 얼룩, 그들이 만들어낸 매트가 담당한다. 툰드라 지대 곳곳에는 지의류가 가닥가닥 엮여 있다. 광합성을 하는 식물들과 곰팡이는 공생관계를 이루며 하나의 합성 유기체로 살아간다. 회복력이 뛰어날 뿐만 아니라 아름답기까지 한 유기체다.

다양한 형태의 지의류가 존재하지만 광물과 암석에만 단련된 내 눈은 몇 종류의 지의류만 식별할 수 있을 뿐이다. 자유롭고 유기적인 형태로 뒤섞여 있는 담록색, 밝은 오렌지색, 적갈색의 지의류는 단단한 암석에 미묘한 양각을 새겨놓은 모습을 하고

---

* 밀물과 썰물에 의해 바닷물에 주기적으로 잠기는 해안가의 지역

있다. 지의류는 감각을 이끄는 심오함으로 바위를 덮고 장식하고 꾸민다. 이들은 숨겨진 세상으로 우리를 끌고 간다. 고개를 숙여 눈을 크게 뜨고 들여다보면 지의류로 꾸며진 무대를 돌아다니는 작은 빌레들의 드라마가 눈앞에 펼쳐신다.

부주의한 이에게 지의류는 위험 요소이기도 하다. 특정한 지의류는 유난히 공격성을 보인다. 건조할 때면 주름진 새카만 혈소판이 아주 쉽게 부러진다. 발로 밟으면 가장자리 부분이 탁소리를 내며 부서져 미세한 가루가 되는데 맨손으로 만질 경우 손가락을 베일 수도 있다. 하지만 젖은 상태에서는 점액과 비슷해진다. 보슬비가 내리는 날이면 물을 흠뻑 빨아들여 그 위를 걸으면 미끄러지고 넘어질 수밖에 없는 매트가 된다. 우리가 척박한 노두에 정박했을 때의 일이다. 나는 밧줄을 손에 든 채 조디악에서 뛰어내리려고 했다. 바로 그때 시끄러운 모터 소리 뒤로 존이 소리쳤다. "지의류를 조심하라고. 정말 미끄럽거든!"

그의 조언을 따라 나는 점액질 같은 지의류가 가장 적은 평편한 부위를 골랐다. 가속도를 최소한으로 낮춰 무척 조심스럽게 도약했지만 발이 끈적끈적한 점액에 닿는 순간 미끄러지고 말았다. 쾅 하고 넘어지면서 오른쪽 어깨는 탈골했고, 나는 그 후 사흘 동안 다량의 아스피린을 투여받아야 했다.

지의류는 일종의 표시이기도 하다. 이들은 상당히 좋은 조건에서조차 매우 천천히 자란다. 1년에 0.85밀리미터 정도 자라면 빨리 자라는 편에 속한다. 우리가 있던 북극에서는 성장 속도가 훨씬 느리다.

건조하고 화창한 어느 날, 우리는 피오르의 남쪽 해안가를 걷다가 완만하게 경사진 편마암 노두가 바다에 이르는 지점에 멈춰섰다. 우리는 전날 저 멀리 피오르에서 발견한 두 가지 다른 암석 간의 접촉부를 찾고 있었다. 지의류는 만조선 위에서 잘 자란다. 특히 검은색 지의류가 그렇다. 기록을 하면서 걷는 동안 우리는 사람들이 지의류를 걷어내고 날짜와 이름을 적어놓은 암석을 우연히 발견했다. 날짜는 전부 1960년 전이었으며 가장 오래된 연도는 1943년이었다. 이름과 날짜는 확실히 알아볼 수 있었다. 기록을 남긴 이후 암석에는 큰 변화가 없었다. 지의류는 1년에 0.025밀리미터 정도의 속도로 자라고 있었다.

그것보다 성장속도가 빠른 지의류로는 꽃이끼가 있다. 이 크림색의 지의류는 사방으로 뻗은 가지 끝에 수술이 달린 모양으로 툰드라 위에 살짝 솟아 있곤 한다. 내가 이 꽃이끼를 처음 본 것은 야영을 준비할 때였다. 나는 존에게 그게 무언지 물었다. 그는 풍경에 관해 놀라울 정도로 풍부한 지식(전부는 아니더라도 일부는 만들어진 것)을 갖고 있었는데, 예전에 나에게 옛 야영지를 알 수 있는 단서, 즉 돌의 패턴과 파헤쳐진 땅을 선호하는 특정한 잔디의 양을 가르쳐준 적도 있었다. 존은 이 꽃이끼를 순록이끼라고 부른다고 알려주었다. 이 이끼는 척박한 땅에 서식하며 그린란드를 돌아다니는 순록인 카리부(어느 날 이른 아침, 실제로 우리의 야영지를 지나가기도 했다)의 주요한 식량이기 때문이다.

　며칠 후 수많은 항해와 그다지 많지 않은 하이킹을 한 뒤 나는 우리가 몸을 씻는 개천을 따라 혼자 산책을 했다. 나는 개천이 흘러오는 호수 쪽으로 향했다. 지도와 항공기 사진에 따르면, 이 호수는 빙원으로 되돌아가는 세 개의 호수 중 가장 서쪽에 위치한 호수였다. 이 세 호수는 빙상에서 녹아 흐르는 물을 저장하고 있는 집수 구역으로 서로에게 물을 대고 있었다.

　나는 마법에 걸린 보초병처럼 바람에 흔들리는 촘촘한 흰색 황새풀로 빛나는 작은 목초지를 지나갔다. 60~90센티미터 길이의 북극 민물송어가 얕은 물의 바닥을 따라 잽싸게 헤엄치고 있었다. 송어는 숨으려는 듯 바위에서 바위로 이동하고 있었다. 낚시를 했더라면 훌륭한 저녁 만찬을 즐길 수 있었을지도 몰랐다.

　태양이 얇은 구름 사이로 쏟아졌고 남실바람이 불어왔다. 호수에 도착했을 무렵에는 날이 쌀쌀해졌고 호수에는 파도가 일

렁였다. 나는 바위를 찾아 앉았다. 장갑 낀 손을 재킷 주머니에
쑤셔넣은 뒤 기묘할 정도로 조용한 그곳에 잠시 머물면서 강가
와 물고기를 바라보았다.

주위의 장엄한 고독이 나를 압도했다. 그러한 순간을 갖는 것,
구속받지 않는 자연의 심오한 전형 속에서 그 누구의 방해도 받
지 않고 있는 경험은 실로 놀라웠다. 삶은 각자의 속도로 흘렀
고 바위와 흙, 식물은 인간의 손에서 탄생하지 않은 풍경을 감
싸고 있었다. 나는 고독한 관중이자 일시적인 방문자로 수십 억
년 전 태초의 지구에서 시작된 흐름의 일시적인 발현을 바라보
고 있었다. 내가 본 것은 그 태곳적 힘이 미래로 향하는 길에서
달성한 결과였다. 가능성의 바다에서 부상한 것은 끝없이 펼쳐
지는 우연한 정황에 대한 덧없지만 구체적인 깨달음이었다.

난생처음으로 내가 그 세상을 이해하는 일이 얼마나 불가능
한지 내 한계를 깨달은 기분이었다. 전체의 다른 부분과 분리되
어 존재하는 것은 없었다. 전체는 처음부터 우주의 모든 것이었
다. 그리고 그곳에, 북극 계곡의 조용한 그곳에 그 통합의 발현
체가 있었다.

시간은 존재하지 않았다. 과거와 미래의 유일한 차이점은 중
재하고 간섭하는 마음일 뿐이다. 차이를 생각하고 묘사하고 세
세히 열거하는 마음. 우리는 개체를 파악하고 그들이 시간에 고

정되어 있는 것처럼 말하지만 사실 그들은 끊임없이 맹렬히
변한다. 그들은 일시적이고 창의적이며, 그 하나하나는 독특
하지만 불가분한 전체의 일부다. 인류는 이해하기 힘든 무언가
가 수행한 한 가지 실험에 불과했으며 그 실험의 결과는 중요하
지 않았다.

  하지만 이 위대한 외로움 속에서도 이 세상은 아름다운 것들
로 가득했다. 내 주위의 풍경은 새로움과 조화로 굉장히 아름다
웠다. 색상, 질감, 형태, 패턴이 한 표현에서 다른 표현으로 막힘
없이 흘러갔다. 중대한 개념(바위, 물, 공기, 추위)들을 제외하고 익
숙한 것은 없었다. 모든 것은 이해를 거부했다.

  외로움과 추위 때문에 오래 머물기 힘들었다. 자리에서 일어
서며 카이와 존과 공유할 단 하나의 조각이라도 잡아보려고 주
위 풍경을 돌아보았다. 하지만 내가 가진 언어로는 그 어떤 것
도 전할 수 없음을 깨달았다.

  개천을 따라 야영지로 돌아가는 대신 나는 시간을 절약하고
새로운 지형도 살펴볼 겸 들판을 횡단하기로 했다. 0.4킬로미터
정도 뻗어 있는 호수 주위로 비교적 평편한 지대가 앞치마 모양
으로 광활하게 펼쳐져 있었다.

  가는 길에 길이 180미터 정도 되는 들판을 우연히 발견했는

데 들판 곳곳에는 가로 몇 미터에 높이 몇 센티미터에 달하는 흙무더기가 드문드문 보였다. 지하수가 얼어서 위로 팽창할 때 생기는 작은 언덕, 팔사였다. 팔사는 핑고(규모가 조금 더 큰 언덕)가 형성되는 영구 동토층에서 흔히 볼 수 있다. 언덕의 경계 부분에는 지하로부터 밀려 올라온 바위가 모여 있었다.

나는 깨진 균열 사이로 아래 놓인 빙하를 볼 수 있을까 싶어 언덕 꼭대기를 서성이다가, 다각형으로 난 길을 따라 경계부에 바위가 흩뿌려져 있는 작은 계곡을 따라 걸었다. 그 길은 작은 미로 같았다. 나는 영원한 장소에 보존된 채 다음 세대 신자들을 참을성 있게 기다리는 존재들, 그 미지의 영혼들이 노래를 부르고 춤을 추는 신비로운 모습이 떠올랐다.

그곳을 걷는 동안 무언가 기이한 느낌이 들었다. 그러다가 바위들이 전부 이상할 정도로 흐릿하다는 사실을 깨달았다. 검은색이나 얼룩덜룩한 패턴이 없었고 그 흔한 편마암이나 편암의 띠도 없었다.

바위의 색상이 그런 것은 움빌리카리아속 지의류 때문이었다. 이 지의류가 그 어떤 곳에서도 볼 수 없을 정도로 바위를 빽빽이 덮고 있었다. 왜 그런지는 알 수 없었다. 바위 주변의 툰드라에서는 순록이끼가 땅을 덮고 있었다. 카리부가 돌아다니다가 그곳에서 만찬을 했을 거라는 생각이 떠올랐다. 자연이 지의

류를 마음껏 먹으라고 연회를 베푼 것만 같았다. 순간 나는 그
동안 놓쳤던 경험을 할 수 있는 기회가 왔음을 직감했다. 지의
류는 어떠한 맛이 날까?

나는 가까이 있는 바위에서, 접시 같은 형태의 작은 지의류 뭉
텅이를 조심스럽게 들어올렸다. 작은 모래알들을 깨끗이 털어
낸 뒤 한 입 베어 물었다. 약간 쫀득쫀득하고 가죽 같은 느낌이
었지만 그렇게 질기지는 않았다. 먹기 어렵지 않았다. 화이트소
스와 세몰리나 파스타가 떠올랐다. 화려하거나 매운맛이 아니
라 가볍고 살짝 크림 같은 맛이었다. 그냥 쉽게 즐길 수 있는 편
안하고 단순한 맛이 났다. 나는 조금씩 맛보면서 음식으로서의
지의류를 더 알아보려 했다.

불현듯 어린 시절 집에서 먹던 음식이 생각났다. 서던캘리포
니아의 레몬 과수원 옆 작은 집에서 먹던 음식에 대한 기억이
물밀듯 떠올랐다. 테이블에 올라와 있던 꽃들, 초창기 미국의
풍물을 그려넣은 빛바랜 식탁보, 아버지가 내 왼쪽에 앉아서 앞
에 놓인 캐서롤을 나눠주던 모습. 나는 씹기를 멈추고 오래전에
잊어버린 추억에 잠시 잠겼다. 어린 시절 위안이 되었던 기억이
서서히 사라지는 것에 놀라고 다소 어리벙벙해졌다. 지의류는
타임머신이었다.

어린 시절 장소에 대한 내 경험이 순록에 대한 기억이나 인식

과 겹치는 부분이 있었던 것일까?

    당시에 나는 다른 지의류를 먹어볼 생각은 하지 않았다. 바위를 감싸는 맛의 세계를 느껴보기 위해서라도 그랬으면 좋았을 걸 싶다.

야생은
존재만으로도 새롭다

_매

나는 서쪽으로 흐르는 산마루에 자리한 거대한 암석 뒤, 바람이 들지 않는 곳에 웅크리고 있었다. 빙하 가장자리에서 약 25킬로미터 떨어진 곳이었다. 북쪽에서 차가운 바람이 불어왔다. 북극에서 불어오는 바람은 앞으로만 내달리는 열차처럼 암석을 세차게 두드렸다. 나는 우리가 세운 가설을 뒷받침해줄 만한 기본적인 단서를 수집하기 위해 그곳에 있었다.

아르페르시오르피크 피오르의 남쪽 경계를 따라 이어진 산마루는 인근 수 킬로미터 내에서 가장 높은 지점이었다. 1.8미터 떨어진 곳에는 날카로운 절벽이 있었는데, 절벽 아랫부분에는 절벽이 180미터 아래로 떨어뜨린 돌무더기가 한 무더기 쌓여 있었다. 절벽에서 떨어진 암석과 자갈 무더기는 급격하게 경사진 부벽을 만들어냈고, 이 부벽은 그 아래 피오르 경계까지 이어져 있었다. 능선은 동쪽과 서쪽을 향해 수 킬로미터 뻗어 있었으며 정점에서 바다까지는 수백 미터에 달했다. 이 땅의 결을 규정짓는 물결 모양의 기반암 골조였다. 남쪽으로는 최소한 90킬로미터에 걸쳐 완만하게 경사진 계곡과 산등성이, 날카로운 암벽과 작은 호수 등 그린란드의 전형적인 지형이 펼쳐졌다. 툰드라로 덮여 있고 바위가 군데군데 흩어져 있는 지표면은 흡사 자글자글한 팔꿈치, 웃을 때 생기는 팔자 주름, 깊게 팬 이마주름처럼 주름진 피부 같았다. 아는 것은 많지만 침묵하겠다는 듯 지적인 인내심의 감각을 물씬 풍기는 피부였다.

어두운 회색 구름이 하늘에 낮게 걸려 있었다. 손만 뻗으면 구름의 아랫배를 만질 수 있을 것만 같았다. 남쪽으로 흘러가는 구름은 빗물을 잔뜩 머금은 공기층을 땅과 바다의 접점으로 밀어내고 있었다.

절벽 너머 북쪽으로는 피오르가 펼쳐져 있었다. 피오르는 거대한 존재만으로 바다와 빙하수가 뒤섞이는 공간을 규정하는 역할을 했다. 그 아래를 내려다보니 카이와 존을 태운 채 해안가를 따라 이동하고 있는 조디악이 콩알만 하게 보였다. 거대한 회색 수면 위에 떠 있는 작은 점 하나. 문명사회와 나를 연결시켜줄 닻이었다. 바다 너머 북쪽 끝의 풍경은 남쪽 풍경과 똑같았다.

동쪽의 빙상은 고대 땅을 지키는 무심한 보초병, 이 땅을 점령한 흰색 수평선처럼 놓여 있었다. 나는 능선의 꼭대기에 서 있었지만 그래 봤자 빙상 정상보다는 수천 미터 낮은 곳이었다. 7천 년 전, 이 빙상은 내가 서 있는 곳보다 서쪽으로 훨씬 더 멀리 뻗어 있었으며 내 눈에 보이는 풍경은 전부 그 아래 위치했을 것이다. 그 후로 빙하는 계속해서 후퇴했는데 빙하가 녹으면서 그 안에 갇혀 있던 온갖 크기의 암석이 하나둘 세상 밖으로 모습을 드러냈다. 축축하고 차갑고 매서운 바람으로부터 우리를 보호해주는 우리의 야영지 역시 그러한 암석 중 하나였다.

카이와 존은 표본을 수집하고 측정하기 위해 내륙을 횡단할 수 있는 해안가 지점에 나를 내려주었다. 우리는 특정한 암석이 극서부 지역까지 뻗어 있을지 알아내야 했다. 이 질문에 대한 답을 얻을 경우 우리가 지도를 그리고 있는 단층이 얼마나 멀리 뻗어 있는지 알 수 있을 터였다. 나는 해안가에서 남쪽으로 능선의 정상을 오른 뒤 그 너머에 자리한 굵직한 계곡으로 내려갈 계획이었다. 그곳에서 8킬로미터 정도 지그재그로 돌아다니면 지형을 충분히 살펴볼 수 있을 터였다. 답사를 마친 뒤 다시 능선으로 돌아와 늦은 오후 피오르에서 그들과 합류할 예정이었다.

끝없이 펼쳐진 야생을 홀로 걷는 산책, 그 어떤 인간의 손길도 닿지 않았을 땅에 발을 딛고, 그 어떤 인간도 보지 못한 것을 보며, 상상 너머의 세상에 존재하고, 예상조차 할 수 없었던 무언가를 발견하는 일은 나에게 천국이었다.

　산마루를 따라 걷는 일은 길고 고된 여정이었다. 피오르를 기어오르고 능선 아래 쌓여 있는 돌무더기 위를 지나가면서 정강이는 멍들고 피가 났으며 손가락 마디는 죄다 긁히고 말았다. 암석은 혼돈 그 자체였다. 자동차 크기만 한 암석도, 주먹 크기만 한 암석도 있었고, 지의류·이끼·잔디·꽃식물로 뒤죽박죽 덮인 부분도 있었다. 암석들 사이에 난 허벅지 깊이의 구멍은 수천 년 동안 누구의 손길도 닿지 않은 채 너울대는 부드러운 초목 담요에 가려 보이지 않았다.

　지반이 단단할 거라는 생각은 나의 추측일 뿐이었다. 여기에서 다리가 부러질 경우 한참을 기다려야 할 것이다. 존과 카이는 늦은 오후에야 약속 장소에 도착해 서둘러 나를 찾기 시작할 테니 말이다. 추위에 오랫동안 기다릴 생각을 하자 경계의 고삐가 바짝 조여졌다. 나는 그 아래 무엇이 놓여 있을지 가늠해볼 수 있는 작은 단서라도 찾아보려 했다. 살짝 기복이 있는 칙칙한 녹색 표면, 노출된 암석의 형태와 경사, 이따금 드러난 동굴의 격자무늬 등 모든 단서는 다음번에 발을 디디기에 가장 적합한 장소를 알려줄 단서가 될 수 있었다. 하지만 아무리 짐중해도 추측일 뿐이었다. 암석에서 암석으로 뛰다 보면 보이지 않던 구멍에 갑자기 빠질 때가 있었다. 그러면 엉금엉금 기어 나와 멍들고 긁힌 정강이를 잠시 문지르며 가쁜 숨을 내쉰 뒤 계속해서 나아가야 했다. 다른 곳에 눈길을 줄 여유가 없었다.

하지만 이끼의 감촉은 잊을 수 없었다. 처음에는 장갑을 끼고 있었기 때문에 감각이 느껴지지 않았다. 하지만 애추사면(바위가 부스러져서 쌓인 돌더미의 사면-옮긴이)을 반쯤 걷다가 또다시 허벅지 깊이의 구멍에 빠졌을 때 나는 잠시 멈춰서 숨을 고르기로 했다. 정확히 내 눈높이에서 폭이 60센티미터에 달하는 바위가 나를 향해 손짓하고 있었다. 장막처럼 바위를 덮고 있던 이끼는 주변 바위들까지 이어지고 있었다. 바위 아래 자리한 작은 동굴은 초목으로 덮인 암석의 밑면을 드러내고 있었다. 흑백의 돌과 벨벳처럼 부드러운 녹색 이끼의 질감에 차가운 공기까지 밀려오자 나도 모르게 장갑을 벗고 이끼를 손으로 쓸어보았다. 이끼는 놀라울 정도로 부드러웠다. 이 세상에서 가장 품질 좋고 두꺼우며 고급스러운 벨벳이 섬세하고 화려한 자태로 암석을 덮고 있었다. 구멍에서 기어나와 걷는 동안 그렇게나 아름다운 무언가를 짓밟고 있다는 죄책감에서 벗어나기 힘들었다.

애추사면은 지상으로부터 270미터 높이에서 암벽과 만났다. 그곳은 급격하고 짧은 경사면을 거쳐 산마루와 닿아 있었다. 비교적 오르기 쉬운 구간이라 나는 순식간에 산마루에 도달했다.

산마루에 도달했을 무렵 정오쯤인 것 같아 점심을 먹기로 했다. 나는 정어리 통조림, 치즈, 눅눅한 호밀빵, 건포도와 초콜릿에 물을 조금 마셨다. 바위는 늠름한 자태로 얼음으로 반짝이는 암석을 흩뿌리고 있었다. 얼음장처럼 차가운 바람에 콧물과 눈물이 흘렀다. 배낭에서 꺼내놓은 물건이 바람에 날려 계곡으로 떨어지지 않도록 그 위에 전부 돌멩이를 올려놔야 했다.

점심을 다 먹고 배낭을 정리한 뒤 나는 절벽 끝으로 걸어갔다. 맹렬한 바람을 맞은 채 광활한 풍경을 응시하며 야생을 느끼고 싶었다. 모든 것의 부재에 존재하는 그 냉기의 순수함을. 나는 팔을 쭉 편 채 바람이 온몸을 두들기도록 내버려두었다. 하지만 추위는 매서웠다. 나는 곧 팔을 내리고 장갑 낀 손을 파카 주머니에 넣은 뒤 방대한 풍경을 바라보았다.

한동안 자연의 절대적이고 완강한 영속성을 방해하는 것은 아무것도 없었다. 바람이 으르렁댔지만 눈앞에는 수동적인 세상이 펼쳐져 있었다. 돌처럼 단단하고 아무런 움직임이 없는 고요한 세상이었다. 그러다가 흰색 빙판이 자리한 방향에서 조금 떨어진 곳에 뭔지 알 수 없는 작고 어두운 점이 움직이는 게 얼핏 보였다. 나는 자세히 보려고 고개를 살짝 돌렸다.

처음에는 잘 보이지 않았으나 곧이어 눈에 보일까 말까 한 작은 반점이 산마루 위에서 움직이는 게 보였다. 그 점은 바람의 거친 상승기류를 타고 암석 벽 위로 솟구치더니 나를 향해 빠르게 다가왔다. 순식간에 내가 있는 곳까지 올라온 그 점은 로켓처럼 빠르게 이쪽으로 접근하고 있었다. 내 머리와의 거리가 불과 몇 미터밖에 되지 않았다.

작은 송골매였다. 팽팽한 날개를 몸에 바짝 붙인 채 날고 있는 그 매는 흡사 깃털로 덮인 발사체 같았다. 보이지 않는 유선형으로 능선 위를 날아오르는, 공기 역학적으로 완벽한 존재였다. 날개는 바람의 속도에 맞춰 절벽 끝에서 몇 미터 정도 떨어지도록 살짝만 조정할 뿐 거의 움직이지 않았다.

충돌이 불가피해 보이자 나는 매에게 길을 내어주기 위해 뒤로 물러났다. 예상치 못한 사건이 우리를 충격에 빠뜨릴 때 그런 것처럼 갑자기 시간이 바뀐 기분이었다. 모든 움직임과 운동, 모든 생각과 감각이 수정같이 맑고 명료해졌다. '순식간'이 길게 늘어나 있었다. 내가 본 것은 아주 날카로웠다.

매는 날개를 파닥거리더니 짙은 색의 눈을 크게 뜬 채 머리를 세웠다. 9미터 거리도 안 되는 곳에서 나를 바라보고 있었는데 가만히 공중에 매달려 있는 것처럼 보였다.

결국 매는 우아한 몸짓으로 날개를 단단히 접더니 살짝 방향을 바꿔 바람을 타고 날아갔다. 매는 미지의 목적지로 날아가면서 고개를 두 번 돌려 어깨너머를 바라보았다. 산마루에서 본 것이 진짜인지 확인하려는 듯. 매의 깃털이 바람에 닿자 쌩 하는 소리가 났다.

그 짧은 순간에 매가 무엇을 경험했을지 알 수 없었다. 매는 세찬 상승기류를 타고 날아가는 동안 바람의 속도에 집중한 채 자신과 암석 간의 거리를 가늠하며 훨씬 저 멀리 목적지로 날아올랐을 것이다. 산마루에 흩어져 있는 바위는 스쳐지나가는 풍경과 그늘일 뿐. 저 높은 산마루에서 인간을 볼 거라고는 예상조차 못했으리라.

그렇게 가까이에서 의도치 않게 동물을 만나는 것은 다른 환경에서는 상상조차 할 수 없는 일이다. 나는 야생의 의미에 대해 내가 알고 있는 가장 순수한 진리를 경험했음을 깨달았고 그 순간 흥분감과 충격이 내 안에서 방망이질 쳤다.

우리가 경험한 것은 변형된 현실, 채색된 파편으로 보아야 한다. 물리적인 장소든 인지적인 구조물(풍경, 새소리, 이끼 덤불)이든 새로운 것은 전부 우리의 기억에 바탕을 둔 이름이나 감정적인 인상과 관련된다. 그렇게 새로운 것은 우리의 기억이 되며 다음 번 경험의 비교 대상이 된다. 그 과정에 담긴 의미는 확실하다. 기억에 저장된 과거가 풍부할수록 지금 이 순간과의 일치성이 더 강해지며 우리는 이 세상에 대해 더 잘 알게 된다.

　모든 것은 서로 관련되어 있을까? 내가 생각하고 궁금해하는 모든 경험은 내가 느끼고 본 것의 단순화된 모음인가? 그렇다면 내가 상상할 수 있는 것은 나의 과거가 지닌 한계 때문에 제한을 받게 된다. 과거의 기억에 들어맞지 않는 새로운 경험은 모두 색상, 소리, 냄새의 저장고를 풍부하게 만드는 일종의 선물이다. 그리고 감정을 풍요롭게 하고 자신의 깊이를 더해주는 선물이다. 새로운 것은 모든 미래의 경험을 장식한다.

　야생은 존재 자체만으로도 새롭다.

인상 2

널리 인정받는 방법에 따라 이 땅을 합리적이고 과학적인 시선으로
바라볼 경우, 심원한 통찰력과 추측은 종종 빛을 잃고
우리는 많은 것을 잃게 된다. 땅은 시와도 같다.
땅은 설명할 수 없을 정도로 일관적이고 초월적인 의미를 지니며,
인간의 사려를 깊게 하는 힘이 있다.

− 배리 로페즈

우리는 물이 결정을 이루는 격자 속으로 스스로를 밀어넣은 결과이자, 바다로 흘러들어가기 위해 그 안에 머물고 있는 성분들과 나눈 구변 좋은 담론의 결과물이다. 물은 통합과 결합을 촉구한다. 원소는 분자가 되고 분자는 그 순간에 허락된 가장 복잡한 화합물이 되어야 하는 것이다. 하지만 물은 붕괴와 분해 반응의 촉매이기도 하다. 물은 암석을 형성하기도 하지만 분해하기도 한다.

우리는 끊임없는 재구성의 과정 속에서 탄생했다. 우리가 품고 있는 환상은 시행착오를 거듭하는 생명 작용의 결과다. 우리가 경험하는 현실은 결국 결핍된 진실이다. 순수한 자연에서 우

리는 작은 깨달음을 얻을 수 있으며 그 과정에서 자신의 선입관
과 오해를 마주하게 된다.

제2장
고화

나는 야생에서 펼쳐지는 생사의 보편성에 경탄하고 있었다. 툰드라 표면에는 새의 뼈와 북극여우의 두개골, 순록의 뿔이 곳곳에 흩어져 있었다. 진화론적 변화의 과정을 보여주는 이 증거는 우리가 가는 곳마다 새하얀 땅 위를 어두운 음영으로 장식하고 있었다. 미래는 계속해서 뼈의 표면에서 탄생하고 있었다. 우리가 계획하고 구축한 세상에서는 우리가 실제로 어떠한 세상에 속해 있는지 알 수 없다. 우리는 자신의 의도와는 상관없이 지난 수십억 년에 걸쳐 펼쳐진 변화의 산물이다. 우리가 무엇인지, 무엇의 일부인지 진정으로 이해하려면 형태가 완성되지 않은 야생의 세계를 알아야 한다. 그곳은 뼈가 놓여 있는 세상이다.

덧칠이 멈추지 않는
커다란 화폭

_태양 벽

야영지 남쪽에서 동쪽으로 살짝 고개를 돌리면 위풍당당하게 서 있는 암벽이 보였다. 바다에서 불쑥 솟아오른 거대한 부벽이었다. 그 주위를 감싸는 피오르는 남동쪽으로 몇 킬로미터 뻗어 가다가 동쪽으로 방향을 틀어 내륙 빙원으로 향했다. 이 암벽은 해수면에서 거의 천 미터 위로 솟은 채 우리가 야영지를 튼 세상을 점령하고 있었다.

여름이면 태양이 하늘을 느긋하게 순례한다. 자정 무렵에도 북쪽으로 지지 않으며 정오가 되어 절정에 달할 때에도 남쪽 지평선 위로 40도 이상 솟지 않는다. 태양의 낮은 각도는 긴 그림자를 만들고 태양이 하늘을 도는 동안 사물의 얼굴과 형태는 계속해서 바뀐다.

내 텐트는 서쪽으로 문이 나 있어서 나는 피오르의 물을 몇 킬

로미터나 내려다볼 수 있었다. 하지만 아침에 자리에서 일어나
면 왼쪽과 뒤쪽으로 암벽이 보였다. 나는 늘 그날의 날씨를 파
악하기 위해 산지 쪽으로 고개를 돌리곤 했다. 물론 그날의 날
씨가 어떻게 바뀔지 미리 알 수는 없었다. 북극의 날씨는 악명
높을 정도로 변덕스러웠다. 그럼에도 불구하고 아침 태양빛을
받고 있는 그 벽을 보고 있노라면 저녁에 야영지로 돌아올 때까
지 나와 함께할 그날의 날씨가 대충 감이 잡혔다.

청명한 날 아침 해는 북동쪽에 낮게 뜨곤 했다. 흰색 빙하 바
로 위에 걸려 있다가 몇 시간 후 천천히 하늘로 떠올랐다. 그 결
과 암벽은 역광을 받아 어둡고 평편하며 별다른 특징이 없는 그
늘 속에 잠겼다. 푸른 하늘은 그 뒤에서 눈부시게 빛나고 하늘
보다 더 푸른 물이 내 쪽으로 쭉 뻗어 있었다.

정오가 되면 사선으로 내리꽂는 빛 속에 풍경의 속살이 과감
하게 모습을 드러냈다. 침니(암벽 지대에서 타고 올라갈 수 있게 세로로
갈라진 곳−옮긴이), 비탈길, 능선, 돌출부가 각기 다른 깊이의 그림
자를 드리우면서 두드러졌고 아침과는 달리 표면의 질감이 살
아났다. 오후가 가고 저녁이 오면 그림자의 위치뿐만 아니라 그
크기와 범위도 바뀌었다. 식물이 암석의 균열 부위와 틈에서 끈
질기게 뿌리내리며 살고 있음을 보여주기라도 하듯 암석의 얼
굴에 색깔이 드러났다. 능선의 옆구리를 따라 흐르는 툰드라로

덮인 계곡은 무성한 나뭇잎의 녹색과 회색이 섞인, 적갈색이나 모래 색으로 물들었다.

전체 풍경은 흡사 태양이 칠한 화폭 같았다. 덧칠이 멈추지 않는 화폭이었다.

태양이 늘 반짝인 것은 아니었다. 피오르를 따라 멀리까지 가보기로 한 날 아침, 밖으로 나와보니 자욱한 구름이 드문드문 걸려 있었다. 차가운 바람이 세차게 불어왔고 파도가 일렁였다. 우리는 계획을 바꿔 야영지 근처의 작은 만에서 그곳의 지형을 자세히 살펴보기로 했다. 우리가 아직 보지 못한 전단대의 북쪽 경계였다.

카이는 작은 만의 만조선 바로 위로 황백색과 짙은 녹색의 기이한 띠가 일렬로 나 있는 것을 발견했다. 존은 해안가의 얕은 부위에 조디악을 정박시켰다. 큰 바위에 밧줄을 단단히 묶은 뒤 우리는 카이가 가리킨 노두 쪽으로 걸어갔다. 놀랍게도 우리 앞에는 대리암, 규선석-편암을 비롯해 탄산염과 규산염 광물이 풍부한 암석의 얇은 층이 펼쳐져 있었다. 이것들은 모두 미세한 단세포 생물이 번성했던 따뜻한 바다의 조용한 해안가를 따라 퇴적된, 천해 퇴적물의 특징일 가능성이 있었다. 조류(조석의 흐름)가 이 해안에 밀려오던 수십 억 년 전에 우리가 이곳에 왔더라면, 이 작은 만의 수정처럼 맑은 물속에서 헤엄칠 수 있었으리라.

지구 내부에 깊숙이 묻힌 채 수백 도로 달궈진 결과 재결정화가 이루어진 석회암은 이제 대리암이 되었으며, 진흙과 모래는 녹색 편마암과 편암이 되었다. 그들이 얼마나 깊이 묻혀 있었는지는 알 수 없었지만, 최소한 15킬로미터 정도 묻히지 않았더라면 이 같은 광물이 형성될 수 없었을 것이다. 우리는 해양의 존재를 입증하는 더 많은 증거 위에 서 있었다. 봉합대로 보이는 지역에서 발견될 거라 예상되는 특징이었다.

정오 무렵 하늘은 깨끗했고 바람도 수그러들었다. 우리는 따뜻해진 공기 속에서 약간 긴장을 풀었고 늦은 오후가 되자 오늘의 성과에 만족하며 야영지로 돌아왔다.

야영지에 도착한 우리는 고무보트를 정박하고 샘플과 장비를 하역한 뒤 부엌 텐트로 향했다. 남은 오후 시간은 노트를 정리하며 보낼 참이었다. 존은 텐트의 한쪽에 앉아 자신이 가져온 논문을 읽으며 가장자리에 메모를 했고, 나는 그 맞은편에 앉아 현장에서 갈겨 쓴 내용을 다시 정리하고 있었다. 악필인 터라 나중에 알아볼 수 있으려면 그때그때 정리 작업이 필수였다. 카이는 텐트 입구에 서서 저녁을 준비하고 있었다. 휴대용 석유화로에서는 양파와 버터가 지글지글 끓고 있었다.

우리가 수집한 자료는 존과 카이를 비롯한 다른 연구진이 애초에 주장한 대로 이 지역에 격렬한 변형의 증거가 존재한다는 주장을 뒷받침하기에 충분했다. 연필 편마암은 존이 야영지 근처 한 노두에서 처음 발견한 암석이자 고온에서 엄청난 전단이 있었다는 사실을 입증하는 반박 불가능한 증거로, 이 전단대를 따라 수 킬로미터에 걸쳐 보편적으로 나타나는 특징으로 밝혀졌다. 베개 현무암과 초고철질암 역시 수십 킬로미터에 달하는 고대 해저가 얇은 판으로 분리되고 잘렸다는 사실을 입증하는 증거였다. 엄청난 양의 변위와 변형이 필요한 과정이었다. 이 모든 것은 전단대에 국한되는 현상이었다.

하지만 분석 결과는 예상보다 훨씬 복잡했다. 이곳은 확실히 큰 변형을 겪은 지대이기는 했지만, 우리가 발견한 부분만 남긴 채 전체 해저를 집어삼킬 만한 사건이 일어났어야 했다. 우리가 몇 시간 전 작은 만에서 발견한 것 같은 퇴적물 역시 대륙의 경계를 보여주는 증거였다.

우리가 앉아 있는 곳에서 2킬로미터도 떨어지지 않은 곳은 안데스 타입 화산활동의 부분적인 잔해로서 해양 지각이 섭입되었던 지대였다. 이 증거들을 종합한 결과 우리는 이 모든 관찰 결과를 설명해주는 가장 단순한 개념을 도출할 수 있었다. 그것은 우리의 야영지가 우연히 칼스비크와 그의 동료들이 추정한 충돌대에 놓여 있다는 것이었다. 그렇다면 존과 카이가 살펴본 전단대는 그 누구도 상상하지 못한 아주 심오한 지질 구조적 특징이었다. 이 전단대는 18억 년 전 충돌한 대륙들을 전부 가둬둔 실제 봉합 부위였다. 이 모든 사항은 이전 작업에서 한 번도 논의된 적이 없었다.

내가 지질학자가 된 것은 우연이었다. 서던캘리포니아 해안에서 자란 나는 서핑에 푹 빠져 있었다. 고등학교 시절 서핑을 하느라 수업을 빼먹기 일쑤였고 몇 번이나 퇴학을 당했다. 하지만 파도의 부름은 언제나 나를 유혹했다. 파도에 몸을 맡길 때 느껴지는 무심한 불확실성을 거부하기란 쉽지 않았다. 서핑 보드에 앉아서 다음번 파도를 기다리는 순간보다 매혹적인 것은 없었다. 성공이나 실패를 맛볼 수 있는 기회이자 스스로 감행한 도전의 결과를 알지 못하는 긴장감 넘치는 모험이 좋았다.

고등학교를 졸업할 때가 되자 나는 해안가를 따라 훨씬 남쪽에 자리한 대학, 해양학을 공부할 수 있는 대학을 선택했다. 보텀 턴, 행 텐 같은 서핑 기술 연마에 대부분의 시간을 보내면서 직업으로서의 과학에 잠깐 손을 대볼 수 있을 거라 생각했다.

하지만 대학의 해양학 수업은 대학원 수준의 공부를 요구했다. 해양학에 관심 있는 학부생은 생물학, 화학, 지질학 또는 물리학을 전공한 뒤 이 중에서 한 분야를 선택해 집중적으로 공부해야 했다. 나는 마지못해 지질학을 선택했다.

나는 여러 수업을 들었지만 별다른 관심이 생기지 않았다. 그러던 어느 날 필수과목이었던 야외 답사를 나가게 되었다. 담당교수는 노두에 차를 세웠다. 예정에 없던 일정이었다. 학생들의 지루한 표정을 읽은 듯했다. 교수는 우리에게 차에서 내려 자기 주위에 모이라고 했다.

"여러분이 무엇을 공부하게 될지 보여주겠습니다." 담당교수는 이렇게 말하더니 도로 절개지의 결정질 면에서 검은색 광물을 가리켰다. 그러고는 몇 분 동안 그 광물의 중요성을 설명하고 이름을 붙인 뒤 화학 성분에 대해 말했다. 그는 또 다른 광물을 가리키고는 동일한 과정을 반복했다. 다섯 개의 광물을 살펴본 뒤 그는 우리 모두를 놀라게 한 이야기를 꺼냈다. 우리가 서 있는 곳은 6,500만 년 전 지하 15킬로미터에 위치했던 마그마의 방magma chamber이었다는 이야기였다. 그곳에서 마그마가 어떻게 형성되었는지, 어떠한 화산활동이 일어났고, 어떻게 냉각의 역사가 진행되었는지 설명이 이어졌다. 나는 완전히 넋을 잃고 말았다. 갑자기 지구가 하나의 원고처럼 다가왔다. 내가 간신히 식별할 수 있는 예술가적 기교로 가득한 놀라운 원고였다. 거대한 양의 미스터리, 우리 기원의 역사, 현재의 우리를 만든 여러 사건들이 모든 암석에 숨어 있었다. 바로 그 순간 이 세상은 나에게 새로운 곳이 되었다.

따뜻한 높새바람이 동쪽에서 부드럽게 불어왔다. 바람은 내륙 빙하의 '정상'에서 수천 미터 아래로 내려오면서 우리가 대화를 나누고 있던 텐트의 캔버스를 가볍게 흐트러뜨리고 갔다. 서쪽에서 내리쬐는 낮은 일광이 오렌지색 빛을 비추며 우리의 작은 방을 따뜻하고 은은한 불빛으로 물들였다.

변화는 느닷없이 찾아왔다. 사위가 갑자기 어두워지더니 바람이 멈춘 것이다. 텐트가 천천히 식어가는 가운데 우리는 서로 농담을 던졌다. 그러다가 서쪽에서 바람이 불어오기 시작했다. 처음에 부드럽게 불던 바람은 텐트의 캔버스를 조금씩 계속해서 뒤흔들었다. 3분쯤 지났을까 바람이 거세지면서 돌풍이 우리를 감쌌다. 텐트 덮개가 탁 부러지면서 텐트 살이 구부러져 우리 머리 위로 내려앉았다. 카이는 휴대용 석유 화로를 껐다. 우리는 노트와 펜을 내려놓고 밖으로 나갔다.

피오르는 미친 듯이 솟구치는 흰 파도와 동쪽으로 내달리는 파도로 이루어진 어두운 회색 소용돌이로 변해 있었다. 길쭉한 흰색 거품이 파도가 일렁이는 표면을 따라 일직선을 그리고 있었다. 강풍급 바람이 모든 것을 찢어내고 있었고 우리는 자리에서 일어나기 위해 몸을 숙여야 했다.

나는 바다에서 눈을 떼 아침에 살펴본 암벽을 바라보았다. 그곳에서는 대단한 전투가 벌어지고 있었다. 그런 광경은 처음이었다.

서쪽에서부터 돌풍이 쇳소리를 내며 피오르로 강하해 거대한 암벽을 그대로 강타하고 있었다. 암벽에 정면으로 충돌한 바람은 빠져나갈 곳이 없었다. 갑자기 좁고 기다란 띠 같은 구름이 응결해 수백 미터에 달하는 흰색 수직 띠를 형성했다. 이 띠는 암석 표면 위로 질주해 굽이치는 리본 모양으로 암석을 감쌌다. 암벽의 정상에 도달한 바람과 구름은 동쪽으로 내달렸다. 수 킬로미터에 달하는 길쭉한 구름은 암벽 꼭대기에서 위쪽을 향했고 내륙 빙하를 따라 놀라운 속도로 질주했다.

존이 갑자기 흥분한 목소리로 소리쳤다. "보트!"

보트를 정박해둔 작은 만을 바라보자 비극이 펼쳐지고 있었다. 존은 조차가 큰 그곳에 배를 정박하기 위해 독창적인 시스템을 고안해냈다. 조차가 크지 않은 지역에서는 보통 보트를 해안가 만조선 위로 끌고 가 그곳에 묶어두곤 했다. 그러면 잃어버릴 염려가 없었다. 하지만 이곳은 조차가 4미터가량이나 되었기 때문에 그렇게 할 수 없었다.

그래서 존은 연안에서 30미터 떨어진 지점에 닻을 내린 다음 그 위에 부표를 묶었다. 그리고 부표와 육지의 암석에 도르래를 각각 매달았다. 우리는 이 두 도르래에 연결된 밧줄에 보트의 선수와 선미를 고정시켰고 보트가 연안에서 어느 정도 멀어질 때까지 밧줄을 당길 수 있게 했다. 아침이면 다시 보트를 당기기만 하면 되었다. 그렇게 할 경우 조석의 상태에 관계없이 보트가 간만을 타고 움직이기 때문에 육지의 암석에 부딪힐 일이 없었다.

하지만 텐트에서 바라보니 보트는 돌풍 속에 갇힌 채 거대한 원을 그리며 닻을 해안가 쪽으로 끌어당기고 있었다. 보트는 삐죽삐죽한 암석이 있는 곳 쪽으로 향하고 있었다. 우리에게는 부분 보수가 가능한 물품이 있었지만 보트가 찢어질 경우 보트 전체를 수리할 만큼 충분하지는 않았다. 대체 보트도 없었다. 작업을 완료하려면 보트가 반드시 필요했다. 보트가 없으면 아무것도 할 수 없었다. 여름의 노력이 물거품으로 돌아갈 터였고 1년 내에 이곳에 다시 돌아온다는 보장도 없었다. 우리는 보트를 지켜야 했고 시간은 너무 촉박했다.

존은 이미 자갈 깔린 해안가로 죽어라 뛰어가고 있었다. 카이와 나도 그 뒤를 쫓았다. 해안가 위의 작은 절벽에 도달한 우리는 허둥지둥 해안가로 내려갔다. 해안가에 도착한 존은 보트에 연결된 밧줄을 움켜쥐었고, 우리 셋은 밧줄을 당기기 시작했다. 왜 그런지 알 수 없었지만 보트는 우리가 밧줄을 당길 때마다 암석을 향해 더욱 내달렸다. 우리는 잠시 멈춰서 이 문제를 어떻게 해결해야 할지 가늠해보려고 했지만 밧줄을 당기는 것 말고는 달리 방법이 없어 보였다. 밧줄을 당길 시간이 충분하지 않았기 때문에 가망 없는 일 같았다.

"방법이 없어. 당기는 수밖에!" 카이가 소리쳤다.

희망이 없었지만 우리는 다시 밧줄을 잡고 당기기 시작했다.

몇 초 동안 고군분투하며 최대한 빨리, 있는 힘을 다해 밧줄을 당겼다. 그렇게 피할 수 없는 재앙이 우리 앞에서 펼쳐지는 것을 고스란히 지켜보고 있어야 했다. 그런데 보트가 삐죽삐죽한 암석과 몇 미터밖에 떨어져 있지 않을 때 갑자기 바람이 잠잠해졌다. 암석을 향해 질주하던 보트는 이제 파도의 흐름에 따라 부표를 향해 느릿느릿 움직이고 있었다. 불과 몇 분 만에 돌풍이 멈췄고 높새바람이 다시 불기 시작했으며 태양이 다시 얼굴을 내밀었다.

안도한 존은 닻을 다시 제자리에 놓았고 카이와 나는 텐트로 돌아왔다. 나는 구름이 군데군데 보이는 태양 아래 몸을 뉘였다. 이따금 그늘이 졌지만 늦은 오후의 태양 빛을 받은 절벽은 눈부시게 빛나고 있었다.

오디세우스의
사이렌 소리

_새의 울음과 신화

우리는 옛 해저의 더 많은 흔적을 찾아 아르페르시오르피크 피오르의 남쪽 해안을 살펴보고 있었다. 그곳은 베개 현무암과 그슬린 머리카락 냄새를 풍기던 암석으로부터 서쪽으로 훨씬 멀리 떨어져 있었다. 우리는 그곳에서 충분히 시간을 보내고 연료를 채운 뒤 야영지로 돌아올 예정이었다.

　날은 청명했다. 북쪽에서 미풍이 불어왔고 기온은 평균보다 높았다. 길고도 생산적인 아침이었다. 우리는 괜찮은 샘플을 몇 개 수집했고 암석의 구조를 파악해 기록했다. 우리가 찾고 있던 변성의 역사를 입증해줄 만한 단서도 몇 개 찾았다. 암석이 감싸고 있는 작은 V자 모양의 땅에서 잠시 쉬며 점심을 먹기로 했다. 존은 조디악을 해안가로 몬 뒤 시동을 끄고 프로펠러를 당겼다. 보트가 모래로 뒤덮인 해안가에 정박하자 카이와 나는 보트에서 뛰어내려 밀물 위로 보트를 끌어올린 뒤 재빨리 밧줄을 동여맸다.

  태양에 따뜻하게 달궈진 작은 암석을 발견한 우리는 배낭을 푼 뒤 그 위에 점심을 차렸다. 훈제 청어와 호밀빵을 먹고 보온병에 담아온 커피를 마시는 동안, 우리가 본 것들과 해안을 따라 더 서쪽으로 가면서 무엇을 볼지에 대해 얘기를 나눴다. 대화가 오가는 동안 북동쪽에서 오후의 바람이 거세게 불어오기 시작했다. 풍향이 바뀌면서 우리가 배를 돌려야 하는 방향과 반대 방향으로 움직였다. 이 물결을 거슬러 올라가려면 험난한 여정이 될 게 뻔했기 때문에 우리는 야영지로 돌아가는 대신 북쪽 해안가로 가기로 했다. 언덕이나 절벽의 바람을 받지 않는 곳을 따라가면 되었다. 그 해안 주변 지역은 아직 지질도가 작성되지 않았으므로 야외 지도에 더 많은 정보를 기입할 수 있는 기회가 되었다. 재빨리 점심식사를 마친 우리는 배낭을 챙긴 뒤 비탈길을 허둥지둥 내려왔고 자갈로 덮인 해안가로 가서 보트에 올라탔다.

  북쪽 해안가를 따라 우리가 처음 도착한 곳은 답사에 사용했던 항공사진에서 불가사의한 흰색 반점으로 나타난 지점이었다. 수십 년 전 6킬로미터 상공에서 찍은 옛 사진 속에서 너비가 1킬로미터에 못 미치는 별다른 특징 없는 흰색 지역, 북쪽 해안 바로 옆 내륙에 위치한 그 지역은 좁은 반도에 의해 바다와 분리되어 있었으며 지도에 찍힌 잡티처럼 보였다. 피오르와 이어지는 작은 만과 이를 감싸는 가파른 절벽처럼 보였지만, 그것 말고는 무엇인지 알 수 없었다. 그 순백의 점은 주위의 툰드라와 바다, 편마암의 회색이나 검은색과 극명한 대비를 이뤘다.

밀물이 밀려오자 존은 작은 만에서 서쪽으로 1킬로미터 정도 떨어진 북쪽 해안과 교차하는 방향으로 배를 몰았다. 그렇게 하면 밀려오는 조류에 맞춰 천천히 항해할 수 있을 것으로 보였다.

부유물이 없는 바다라도 5노트(배·바람 등의 속도를 측정하는 단위. 1노트는 1시간에 1해리, 즉 약 1,852미터를 진행하는 속도다–옮긴이)로 흐르는 해류를 거슬러 3킬로미터 정도 항해하는 데 약 20분이 걸렸다. 우리는 해안가 끝에 있어야 하는 순백의 지대를 계속해서 찾았으나 작은 절벽 때문에 시야가 가렸다. 반대쪽 해안가에 다다르자 존은 조디악의 방향을 재빨리 돌렸고 우리는 조류에 맞춰 천천히 해안가의 경계를 따라 이동했다. 매순간 우리의 기대는 높아져갔다. 흰색 땅이 어떠한 모습으로 우리 앞에 나타날지 궁금했다.

작은 만과 우리와의 거리가 몇백 미터로 좁혀지자 흰색 지역을 가리고 있던 절벽이 사라지며 드디어 새하얀 만의 정체가 드

러났다. 해안가 경계 바로 옆에 너비 9미터에 길이 45미터 정도
되는 평편한 선반 모양의 편마암 기반암이, 서서히 상승하는 피
오르의 물 위로 몇 미터의 모래톱을 이루고 있었다. 편마암은
그 위를 계속해서 오르고 내리는 바닷물에 의해 말끔하게 씻긴
상태였다. 이 작은 반도를 찍은 항공사진은 조석이 훨씬 낮을 때
찍은 것이 분명했다. 존은 바로 옆에 조디악을 댔다.

   아무 특징 없는 흰색 지역은 아주 고운 진흙으로 이루어진 거
대한 간석지tidal flat로 밝혀졌다. 그 주위를 감싸고 있는 백사장
은 흰색 가루 같은 모래와 토사로 이루어진 가파른 절벽과 접해
있었다. 그 절벽은 수천 년 전 빙상의 바닥에서 흘러나와 퇴적
된 퇴적물로 잘려 있었다. 전면부의 층을 수 미터의 평편한 흰
색 실트를 비롯한 퇴적물이 덮고 있는 것으로 보아 과거의 물의
흐름이 차가운 피오르로 넘쳐 흐르면서 넓은 삼각주를 형성했
던 것 같다. 현재의 빙하 전선은 우리가 있는 곳에서 거의 60킬
로미터나 동쪽으로 떨어져 있었는데, 흰색 퇴적물이 삼각주로
퇴적되었을 당시에 빙하의 경계는 이곳에서 2킬로미터도 채 떨
어져 있지 않았을 것이다. 간석지는 그와 동일한 퇴적물로 이루
어졌으며 빙하가 후퇴한 이후 수천 년 동안 조석과 계절 강우에
의해 다시 운반되고 재퇴적되었다.

   간석지의 흰색 표면은 식물을 전혀 찾아볼 수 없는 사막과 같

은 곳이었다. 미세한 진흙으로 이루어진 보기 드문 북극의 사막은 피오르 경계에서 기반암의 테두리에 의해 보호받는 척박한 세포막이다. 그곳의 진흙은 썰물 때 대기에 노출되면 살짝 말라 특징 없는 황백색으로 나타났다. 이곳에 식물이 없는 이유를 알 것 같았다. 조석 주기 때문에 진흙에는 염분이 섞여 있었고 빙하가 녹으면서 운반된 퇴적물에는 영양분이 없었다.

나는 작은 반도를 지나 퇴적물의 가장자리로 가 무릎을 꿇었다. 별다른 특징이 없는 표면은 수평에 가까웠다. 인간이 상상할 수 있는 가장 부드럽고 평편하며 광활한 자연 지대였다. 상당히 얕은 피오르 물이 그 위를 따라 흘렀고 조석이 높아지자 그 양이 불어났다. 오후의 빛은 옅은 하늘과 흰색 절벽이 반사된 수면 위로 반짝였다.

채집하거나 사냥할 것이 없는 이곳에 누군가 찾아왔을 확률은 낮았다. 이곳에서는 10억 년 전이라는 태곳적 시간을 반영하듯 척박함이 느껴졌다. 육상 식물은 찾아볼 수 없고 지구의 언덕과 계곡, 완만한 평야에 암석과 흩날리는 모래만 가득하던 시절이었다. 당시에 이곳은 축축한 진흙에 침전되고 잠기고 덮여 있어야만 삶을 연명할 수 있던 장소였으리라.

나는 기반암 기슭을 따라 태양 아래 말라가고 있는 진흙 주변을 걸었다. 반짝이는 축축한 흰색 진흙은 그냥 지나치기에는 너무 유혹적이었다. 나는 무릎을 꿇고 진흙 안으로 천천히 손가락을 밀어넣었다. 진흙이 얼마나 깊을지 궁금했다.

손가락은 분명 진흙의 윗부분에 스며들고 있었다. 하지만 진흙 입자가 너무 가늘고 축축한 데다 기온과 너무 완벽하게 균형을 이루어 기이하게도 저항이나 감각이 전혀 느껴지지 않았다. 팔을 더 깊이 담그자 마치 내 손이 마법의 벽을 뚫고 다른 영역으로, 모든 것이 생경한 가상의 장소로 들어간 것만 같았다.

회색빛 도는 하얀 진흙의 1센티미터 정도 아래로 흐물거리고 유기물이 많은 검은색 진흙이 있었다. 진흙은 내 손가락에서 반짝였고, 흐트러진 진흙의 보호막 아래에서 번성하던 생명체는 복잡하고 원시적인 세상의 유황 냄새로 대기를 가득 메웠다.

30억 년 전, 조석 웅덩이와 간석지에는 단세포 생물들이 대량 서식했다. 생명체는 영양분의 한계와 물의 경계를 제외한 그 어떤 것에도 방해받지 않은 채 빠르게 퍼져나갔다. 간석지 표면의 진흙은 자외선으로부터 연약한 유기분자가 이온화되지 못하도록 보호하며, 생명 대사에 필요한 습기를 유지하게 해주었다. 조석 주기는 사라진 것을 채웠고 햇빛은 온도를 유지시켰다. 그 고요한 진흙 안에 들어 있는 것이야말로 우리의 기원이자 남아 있는 자취다.

존과 카이는 나와 0.5킬로미터 떨어진 곳에서 편마암 기반암을 이루는 여러 색의 층에 대한 주향*과 경사를 측정하고, 생성 이후의 구조를 밝히려 했다. 나는 내 손에서 빠르게 마르고 있는 진흙을 뚝뚝 흘리며 그들에게 갔다.

바로 그때 카이가 조디악 쪽으로 몸을 틀면서 말했다. "서둘러야겠어. 조류가 보트를 들어올리고 있다고." 나는 망치로 샘플을 채취한 뒤 재빨리 시료 정보를 기입하고 가방에 넣은 다음 보트로 달려갔다.

피오르에서 보트를 돌려 돌아가던 중 엔진의 웅웅거리는 소리 너머로 갑자기 기이할 정도로 낭랑한 울부짖음이 들려왔다. 무슨 소리인지 알 수 없었던 우리는 처음에는 무시하려고 했다. 하지만 그 이상한 소리는 점차 커지더니 멈추지 않았다. 결국 존은 소리를 좀 더 잘 들어보려고 선외기를 껐다.

소리는 3킬로미터 정도 떨어진 피오르에서 들려오고 있었다. 구슬프고 비통하면서도 아름다운 선율이었다. 계속 귀를 기울이다 보니 여성 합창단 소리처럼 들리기도 했다.

우리는 그냥 지나가는 것은 무책임한 행동이라고 생각했다. 작은 어선이 침몰해 사람들이 발이 묶인 상황일 수 있었다. 혹은 그보다 큰 참사가 발생했을 수도 있었다. 존은 보트를 다시

---

* 지층을 이루는 면이 수평면과 만나서 이루는 교선의 방향

출발시켰고 우리는 피오르로 돌아갔다.

　피오르에 거의 다다르자 소리가 바뀌었다. 처음에는 울부짖는 소리가 분절되어 전보다 덜 우렁차게 들렸다. 바로 그때 스타카토 식의 새된 소리가 폭발적으로 들려왔다. 존은 보트를 세웠고 우리는 다시 한번 귀를 기울였다.

　피오르의 남쪽 해안은 온통 거대한 암벽이었다. 수면 위로 몇백 미터에 달하는 암벽이 서 있었는데, 얼룩진 회색 표면은 태양빛을 고스란히 받고 있었다. 처음에는 그것밖에 보이지 않았다. 하지만 자세히 살펴보니 갈매기 수백 마리가 절벽에서 나오는 상승기류에 맞춰 공중을 선회하고 있었다. 암석의 표면은 그야말로 갈매기로 가득했다. 그 수나 울음을 보아하니 북극여우나 선외기에서 나는 소음이 그들을 놀라게 한 듯했다. 정확한 이유는 알 수 없었다.

　속았다고 즐거워하며 우리는 가던 길로 되돌아갔다. 원래 자리로 돌아오자 울부짖는 소리가 다시 들려왔다. 새들의 울음소리는 다시 고통스러운 외침으로 바뀌어 있었다.

　우리가 경험한 것을 설명하기란 어렵지 않았다. 차가운 피오르 물 위로 얼 것 같은 공기가 축적될 경우 두께가 몇 미터에 달하는 밀집된 층이 형성된다. 높은 고도에서 공기는 따뜻해지고 밀도는 낮아진다. 소리의 속도는 공기의 온도와 밀도에 따라 달라지기 때문에 파장이 층상 피오르 대기를 따라 굴절될 때 음파는 왜곡되고 음의 높이는 변한다. 대부분의 경우 이 같은 효과는 간파할 수 없을 정도로 미미하다. 한 곳에서 내뱉은 말은 의도한 대로 들리기 마련이다. 하지만 상황이 들어맞을 경우 극적인 굴절이 발생하며 소리가 왜곡된다. 작은 보트에 앉아 있던 우리의 귀는 새가 내뱉은 울음으로부터 2킬로미터 이상 떨어진 차갑고 밀집한 공기에 노출되었던 터라 그 전파된 소리는 청각적인 신기루가 되었던 것이다.

하지만 이 같은 설명만으로 실제 경험을 묘사하기란 턱없이 부족하다. 피오르 경계를 따라 야영지로 돌아오면서 나는 우리가 들은 것이 신화 속에 등장하는 오디세우스가 3,200년 전에 들은 사이렌 소리라고 거의 확신했다. 그 소리에 넘어가 파괴를 자초하지 않도록 선원들에게 귀를 밀랍으로 막게 하고 오디세우스 자신은 배의 돛대에 묶게 한 사이렌 말이다.

우리는 신화가 탄생한 자연의 표면 아래로 들어갔던 것이다. 우리의 짧은 우회는 침투 가능한 세포막을 가로지른 소풍이었다.

이 땅은 우리를 위해
설계된 것이 아니다

_들꿩

야생으로 함께 온 사람들과 평화롭게 공존하려면 어쩔 수 없이 씻어야 한다. 하지만 북극에서의 목욕은 의무이지 기쁨이 아니다. 이유는 두 가지다. 첫째, 대부분의 개천과 강에는 얼음이 서려 있어서 물이 말할 수 없이 차갑다. 둘째, 물에 몸을 담글 만큼 기온이 높고 화창하며 바람이 불지 않는 날에는 엄청난 모기 떼가 맨살을 향해 달려든다. 모기 떼를 피하는 유일한 방법은 모기 떼를 날려보낼 만큼 바람이 세차게 부는 날에 물에 들어가는 것이다. 하지만 이런 날 물에 몸을 담그는 일은 상상도 할 수 없을 정도로 고통스럽다.

회색 하늘에 산들바람이 불어오던 7월 어느 날, 나는 때가 왔다고 생각했다. 마지막으로 몸을 씻은 지 며칠이 지난 상태였다. 그날 아침 몇 시간 동안 마음을 단단히 먹은 뒤 기온이

1~2도 더 올라갈 때까지 기다린 나는 비누와 수건을 집어들고
강가로 향했다.

북극 곤들매기가 헤엄치던 개천은 동쪽으로 500미터 정도 더
떨어져 있었다. 개천은 바위로 가득한 작은 도랑을 따라 급류
속에서 출렁거리다가 피오르로 흘러갔다. 세 개의 강에서 세찬
물줄기가 흘러들어왔는데 그중 가장 동쪽의 강은 빙상과 바로
맞닿아 있었다. 나는 약간 두려움을 품은 채 개천으로 향했다.

개천에 도착한 나는 비바람이 들이치지 않는 작은 물웅덩이
를 찾아 걸었다. 예상한 것보다 빨리 완벽한 장소가 나타났다.
물이 떨어지고 있는 작은 집수지는 내 몸을 담글 만큼 충분히
깊었으며 얼음장처럼 차가운 작은 폭포 아래 몸을 숨길 공간도
있었다.

나는 숨을 깊이 들이마신 뒤 재빨리 옷을 벗고 물 안으로 뛰
어들었다. 숨이 멎었다고 말하는 것으로는 충분하지 못했다. 내
입에서 나온 헉 하는 소리가 아마 야영지에서도 들렸을 것이다.
날카롭고 얼얼한 추위가 피부 전체를 타고 흘렀고 나는 온몸을
비틀며 덜덜 떨었다. 최대한 빨리 몸을 적시고 비누칠을 한 다
음 다시 개천으로 뛰어들어 몸을 헹궜다. 물속에서 보낸 시간은
3분이 채 안 되었겠지만 몇 시간처럼 느껴졌다.

물에서 허둥지둥 나와 흔들거리는 바위 위에 위태롭게 선

채 나는 매서운 바람을 맞으며 최대한 빨리 몸을 말렸다. 추위 때문에 피부가 울긋불긋했고 따끔거렸다. 까끌까끌한 수건은 닭살 돋은 피부 위에 다시 물을 문지르는 수준에 불과해 별 도움이 되지 못했다. 나는 발가락으로 깨끗한 옷을 둔 곳을 더듬었다. 옷을 찾아 입는 손과 발이 모두 얼얼했다. 옷을 다 입고 나자 비로소 안도감이 몰려왔다.

야영지로 돌아가는 길, 처음에는 개천 입구의 자갈 깔린 해안가를 따라 걷다가 작은 절벽을 올라 툰드라로 향했다. 느긋하게 걷다 보니 따뜻한 옷 아래에 와닿는 깨끗한 피부의 느낌이 상쾌했다. 따끔거리는 고통이 가라앉았고 빛, 공기, 냄새를 감지하는 날카롭고 신선한 감각이 찾아왔다. 이 세상이 생기를 되찾은 느낌이었다. 모든 것이 생생하고 매우 현실적으로 다가왔다.

생각에 잠긴 채 잔디와 줄기가 짧은 꽃으로 덮인 툰드라를 걸어가면서 내 몸을 감싸주는 너른 품 같은 것을 느꼈다. 마치 내가 이 땅에 소속된 듯한 느낌이었다. 목욕할 때 느꼈던 두려움은 이제 사라지고 없었다. 나는 긴장이 풀렸고 근육이 느슨해지는 것을 느꼈다.

그런데 바로 그 순간 왼쪽에서 무언가 깜박이는 것이 흘깃 보였다. 처음에는 무시하고 지나가려고 했다. 조용히 그곳을 걷는 단순한 즐거움을 방해받고 싶지 않았다. 하지만 무언가 놓칠 수 있다는 생각에 걸음을 멈추고 주위를 둘러본 뒤 지나온 방향으로 다시 몇 걸음 돌아가보았다. 어디에서 나타났는지 닭 정도 크기의 암컷 들꿩 한 마리가 나에게서 고작 1.5미터 정도 떨어진 곳에서 종종걸음을 치며 가고 있었다. 그 꿩은 50센티미터 정도 가더니 툰드라에 앉아서 날개를 한껏 부풀렸다. 얼마 떨어져 있지 않았지만 툰드라에서 들꿩을 찾는 일은 고도의 집중력을 요했다. 갈색, 황갈색, 검은색 반점은 들꿩이 자리 잡고 앉은 식물의 색상 및 질감의 패턴과 정확히 일치했다. 나는 들꿩이 보여주는 시각적인 마술에 완전히 넋을 빼앗긴 채 서 있었다. 나는 머리를 한쪽으로 기울이며 들꿩을 볼 수 있는 위치를 찾아보려고 했지만 들꿩은 끈질기게 경관에 녹아들었다.

다른 각도에서 볼 수 있을까 싶어 나는 왼쪽으로 한 발 내딛었다. 그러자 무언가 움직이는 게 보였다. 그 들꿩으로부터 1미터 뒤쪽에 갓 부화한 작은 새끼가 잽싸게 도망가는 게 아닌가. 새끼는 나뭇잎 사이에서만 잠시 멈춘 뒤 이내 시야에서 사라졌다. 그때 첫 번째 새끼 바로 옆에 또 다른 새끼 들꿩이 잠깐 모습을 드러냈다. 역시 풀 가운데 옹송그리고 있어서 거의 보이지 않았다. 그들을 놀라게 하고 싶지 않아 한 걸음 뒤로 물러난다는 것이 그만 어미 들꿩을 또다시 놀라게 만들었던 모양이다. 들꿩은 새끼들을 향해 돌진했고 세 마리의 들꿩은 그 자리에서 얼어붙

었다. 놀랍게도 바로 그때 어미 들꿩이 있던 바로 그 자리에 또
다른 작은 들꿩이 모습을 드러냈다. 어미는 잔뜩 긴장한 채 날
개를 펼쳐 새끼 들꿩을 보호했다. 나는 몇 걸음 더 뒤로 간 뒤 또
다른 들꿩이 있는지 찾아보았다.

　나는 무릎을 꿇고 아예 배를 대고 엎드린 채 작은 새 같은 형
체를 찾아 두리번거리기 시작했다. 그런데 얼굴과 땅 사이의 거
리가 가까워지자 달콤한 꽃향기가 나를 감쌌다. 땅에 살짝 몸을
대니 그동안 감지하지 못했던 온갖 꽃향기가 나를 에워쌌다. 북
극양귀비와 북극종꽃나무가 나도수영Mountain sorrel과 긴털송이
풀과 자주범의귀, 담자리꽃 사이에 산재해 있었다. 나는 식물들
사이에 흠뻑 잠긴 채 뜻밖의 세상으로 실려 갔다.

　잠시 들꿩의 존재를 잊은 나는 서로 다른 꽃들의 향기를 구별
하는 데 집중했다. 하지만 복잡하게 뒤섞인 향기들을 일일이 파
악하기란 도저히 불가능했다. 향기들은 부드럽게 넘실대는 산
들바람의 의지에 따라 물결쳤고 땅 위를 두둥실 떠다니며 오갔
다. 호박벌이 늘 땅에 거의 붙은 채 붕붕거리며 꽃들 사이를 부
산스럽게 날아다니는 이유를 알 것 같았다. 향기는 지도였으며
그 지도는 식물 바로 위에 놓여 있었다. 그곳에는 후각적인 쾌
락이 떠다녔다. 서로 다른 냄새는 꽃 각각의 존재를 말해주었
다. 인간에게 냄새로 감각되는 이 유기적인 특징은 인간보다 벌

에게 한층 더 많은 것을 의미할 것이다.

꽃향기에 기꺼이 취한 나는 다시 들꿩을 찾아보았다. 조금 더 멀리, 아까 본 새끼 들꿩 두 마리 뒤로 또 한 마리가 보였다. 어미는 새끼들을 보호하려고 필사적으로 몸부림쳤다. 날개가 부러진 척 절뚝거리며 거대한 침입자나 다름없는 사람을 유인하려고 했다.

들꿩의 삶에 불쑥 들어와 위협을 가했다는 죄책감에 사로잡힌 나는 그곳을 떠나기로 했다. 이 작은 새들은 내가 절대 알지 못할 세상을 알고 있었다. 우리에게 익숙한 산들바람은 땅과 가까운 지점에 이르게 되면 암석과 바위, 툰드라로 인해 약해진다. 그러한 고요함 속에서 향기는 누적되고 뒤섞인다. 향기로 가득한 세상은 새끼 들꿩을 숨겨주고 그들의 날개를 촉촉이 적셔주며 삶에 대한 새들의 축적된 경험(그것은 그들이 아는 유일한 현실이다)에 감각적 배경이 되어준다.

자리에서 일어나자 향기가 사라졌다. 나는 숨을 깊이 들이마시며 향기의 흔적을 찾아보려 했지만 걷는 동안 공기에서 그 어떠한 냄새도 맡을 수 없었다.

이 땅은 우리를 위해 설계된 것이 아니다. 우리는 그중 극히 일부분에 거주하며 그 일부만 경험할 뿐이다. 우리는 기껏해야

2.5미터 높이와 몇 미터 너비보다 적은 공간에 딱 들어맞도록 진화했다. 우리는 그 일은 잘해낸다. 하지만 툰드라 식물과 흠뻑 젖은 토양의 뒤엉킴 속에 존재하는 세상에는 애초에 접근할 수 없다. 조차가 만들어내는 복잡한 형태에도, 매가 날아다니는 혼돈 가득한 해류에도. 이러한 것들에 관심을 기울이지 않을 경우 우리는 빈곤해지고 무지해진다.

과학 덕분에 우리는 이 같은 세상에 어느 정도 접근할 수 있다. 과학은 지표 아래를 파고들어 그곳에 무엇이 존재하는지 설명해준다. 규모에 상관없이 과학은 모든 영역에는 상상력 너머로 훨씬 많은 것이 존재한다는 사실을 보여준다.

하지만 과학은 그러한 자연에서 영감을 받는 경험을 제공하지도, 우리가 애초에 왜 그러한 것을 이해하려고 하는지 설명해주지도 못한다. 장소를 둘러싼 수학적이고 객관적인 묘사는 이를 이해하고자 하는 허기를 낳을 뿐이며 그 허기는 아직까지도 가장 위대한 미스터리 중 하나로 남아 있다.

무언가 하려는
의지를 내려놓고

_깨끗한 물

풍경의 뼈대나 다름없는 기반암은 그곳에 대한 인상을 형성하고 바람에게 길을 안내한다. 조류의 흐름은 기반암에 의해 제약을 받고 빙하는 기반암 위에 얹혀 있다. 기반암은 뚫을 수 없다. 망치로 샘플을 쪼개보면 아무것도 흘러나오지 않는다. 하지만 결정 구조 안에는 물이 들어 있다. 이 물은 기반암이 해저의 진흙에 불과했을 때부터 그곳에 있었다. 서서히 묻히고 재결정화되면서 새로운 광물의 원자격자atomic lattice는 체계적인 배열을 통해 물 분자를 가두는데, 향후 지질학적 고찰에 쓰이게 된다.

그린란드는 수천 개의 피오르로 이루어져 있고 그 경계에는 수많은 섬과 바위가 자리하고 있다. 그 가장자리를 따라 난 해안선의 길이는 지구의 둘레만큼이나 길다. 그린란드를 점령한 빙상에는 240만 세제곱킬로미터의 얼어붙은 물이 담겨 있다.
이곳은 물로 규정되는 장소인 셈이다. 이 같은 현실에 민감해지
면 예상치 못한 관점이 생겨난다. 물과 암석의 경계가 헷갈리는
것이다.

　빙원의 서쪽 끝에 자리한 피오르의 물은 토사와 진흙이 없어
수정처럼 맑다. 여러 해 전, 그린란드로 첫 여름 탐사를 왔을 때
이미 그린란드는 바다가 점령한 장소라는 사실을 알고 있었다.
하지만 이 사실을 머리로 알고 있는 것과 현실에서 경험하는 것
은 전혀 달랐다.

　첫 탐사를 왔을 때였다. 평소와 달리 따뜻한 날 이른 오후쯤,
나는 작은 반도의 중심부인 낮은 능선을 따라 걷기 시작했다.
왼쪽으로 수정처럼 맑은 물이 흐르는 작은 만이 내려다보였다.
만은 500미터 정도 떨어진 지점에서 돌투성이 해안가와 접해
있었고, 북쪽과 남쪽으로는 거의 수직에 가까운 암벽과 면하고
있었다. 만을 따라 흐르는 물은 깊이가 약 5미터 정도 되었는데
태양빛이 찬란하게 내리쬔 덕분에 평소에는 모습을 드러내지
않는 해저 세계의 색상이 밝게 일렁이며 공기를 가로질렀다. 노
란색, 파란색 무늬가 드리워진 녹색과 보라색, 회색의 온갖 음
영이 눈부시게 빛났다.

　그러다가 느닷없이 기이한 검은색 물체가 해안가 바로 옆에

둥둥 떠다니는 게 보였다. 표면 가까이에 붙어 있던 1미터 정도의 그 물체는 해저의 춤추는 듯한 색상들이 뿜어내는 자유로운 형상과 뚜렷한 대조를 이루었다. 그 물체는 조류에 몸을 맡긴 듯 천천히 해안가로 밀려왔다. 처음에 나는 그것이 나무가 자라고 통나무가 존재하는 머나먼 땅에서 해류를 타고 흘러온 목재라고 생각했다. 미묘하게 흔들리는 모습을 자세히 들여다보니 물고기였다. 물고기는 수정처럼 맑은 물속에서 유유히 헤엄치고 있었다. 배가 고프거나 무언가를 찾아 배회하고 있다기보다는 정오의 햇살을 즐기며 그 세상의 고요한 평온을 마음껏 누리고 있는 듯했다.

그날 저녁, 야영지로 돌아오는 내내 그 물에 대한 생각이 나를 사로잡았다. 아무래도 더 자세히 살펴봐야 할 것 같았다. 우리에게는 짧은 탐사시 사용하는 소형 보트가 있었다. 야영지 근처 만에 접해 있는 절벽 표면에서 샘플을 채취할 때 사용하는 보트였다.

45미터짜리 단일필라멘트 선, 고리, 약 50그램짜리 납 낚싯봉을 들고 나는 배에 올라탔다. 우리의 야영지가 있는 작은 만을 가로질러 낚시하기 좋은 장소로 보이는 건너편 절벽으로 향했다. 늦은 오후였다. 태양빛이 낮은 각도로 기울어지며 암벽을 밝게 비췄다. 나는 노 젓던 손을 멈춘 뒤 호기심 가득한 눈으로 물속을 들여다보았다. 수정처럼 맑은 물의 바닥에서 무엇이 보일지 궁금했다. 하지만 그곳에 있는 모든 것(해초로 뒤덮인 암석, 물고기, 조개류, 자갈 깔린 해저)은 반짝이며 흘러가고 있을 뿐이었다. 그 모습에 현기증이 일었다. 무언가가 빛을 조종하는 것처럼 보였다. 뜻밖의 부자연스러운 모습이었다.

그 만은 야영지 뒤로 흐르는 작은 개울의 배출구였다. 물이 태양과 지표면의 미약한 온기를 빨아들인 채 암석 위로 와글와글 쏟아져내리고 풀길을 따라 구불구불 흐르고 있었다. 만의 물은 얼음처럼 차가웠다. 개울물이 바다로 유입되자 그 민물은 차갑고 밀도가 큰 바닷물 위로 혀를 내밀 듯 떠올랐다. 몇 센티미터 깊이의 민물층이 바다 뒤쪽으로 만을 가로지르며 흘렀다. 민물과 바닷물의 만남으로 서로 다른 밀도의 경계가 형성되었고 작은 소용돌이와 미세한 파도가 생겨났다. 민물과 바닷물의 온도 차이와 물 덩어리의 성분 차이로 빛이 바닥에서 굴절되었고 패턴은 왜곡되었으며 색상은 일그러졌다.

나는 옆으로 다가가 민물 안에 손가락을 넣어보았다. 내 손가락은 수면 아래로 몇 센티미터 정도 매끄러운 경계층을 뚫고 지나갔다. 내 살이 추상적인 소용돌이 속으로 분해되는 것이 보였지만 아무런 고통도 느껴지지 않았다. 순간 내 손가락은 내가 알던 모습이 아니었다.

물에서 손가락을 빼내고 절벽 표면으로 배를 저어가자 마법과도 같은 분위기가 만에 내려앉았다. 누군가가 보아주기만을 기다린 세상에 들어온 것 같았다. 해안선 위로는 황화물이 풍부한 편마암과 편암에서 전형적으로 보이는 녹슨 갈색과 흰색의 띠가 보였다. 하지만 절벽의 표면에 가까이 다가가자 해안선 아래의 색상은 그와는 전혀 다르다는 것을 알 수 있었다. 해안선은 물에 잠긴 세상과 지표면을 놀라울 정도로 정확히 가르는 일종의 불연속면이 되어 있었다. 물속에는 땅에서와는 달리 띠의 흔적이 보이지 않았다. 그 대신 짙은 보라색이 물을 뒤덮고 있었다. 물의 깊이는 최소한 10미터는 되었는데, 훤히 들여다보이는 바닥에는 밝은 색상의 바위, 모래, 자갈이 아무렇게나 뒤섞여 있었고 전체 절벽은 해수면에서부터 바닥에 이르기까지 하나의 보라색 덩어리를 이루고 있었다.

절벽에서 몇 미터 떨어지고 나서야 그 보라색이 수천 개의 성게라는 것을 알 수 있었다. 너무 빽빽하게 들어서 있어서 뾰족한 가시가 서로 뒤엉켜 있었던 것이었다. 수백 미터 반경 내에서 그들 사이의 거리는 1센티미터도 되지 않았다. 자세히 살펴보니 움직임이 없는 보라색 표면처럼 보였던 것은 미묘하게 온몸을 비틀고 있었다. 성게 한 마리 한 마리가 개체들로 이루어진 숲을 천천히 헤치며 지나가고 있었다. 그들은 해류의 흐름에

따라 가시를 흩날리며 다른 성게가 놓치고 간 해조류를 먹고 있
었다. 나는 성게가 보여주는 존재의 본성, 생각보다는 먹어야
한다는 절박함으로 움직이는 생물학적 복잡성에 감탄하며 잠
시 물의 경계를 따라 표류했다.

결국 나는 자리에서 일어났다. 해저에서 무슨 일이 펼쳐지고
있는지 더 자세히 살펴보고 싶었다. 수면으로부터 10미터 아래
를 내려다보는 순간, 표면 바로 아래로 초점이 맞지 않는 무언
가가 시선을 사로잡았다. 처음에는 무지갯빛 선이 보이지 않는
파도에 맞춰 계속해서 잔물결을 이루는 것처럼 보였다. 그러다
가 순식간에 그 선은 부드러운 해류에 맞춰 느린 발레를 추는
수백 개의 개체로 해체되었다. 나는 노를 당겨 뱃전에 기대놓은
뒤 내가 본 것이 무엇이었는지 자세히 살펴보았다. '그것'은 수
백 마리의 작은 빗해파리로, 해파리처럼 보이지만 빗해파리 문
(해파리는 자포동물 문에 속한다)에 속하는 해양 무척추동물이다. 한
마리 한 마리는 길이 7~10센티미터에 폭이 5센티미터 정도 되
는 손전등 모양을 하고 있었다. 한 마리의 몸에는 여덟 개의 가
느다란 솜털이 돋아 있었는데, 이 솜털은 바닷속에 천천히 손전
등을 휘두르는 것처럼 무지갯빛 색상으로 빛나고 있었다. 솜털
은 투명에 가까운 몸체를 따라 흐르는 율동적인 파도에 맞춰 흔
들렸고, 그 모습은 흡사 얇은 무지갯빛 실이 맑은 물속에서 파

르르 떠는 것처럼 보였다. 빗해파리는 끝도 없이 보트를 감쌌고 나는 어른거리는 움직임이 빚어내는 마법 같은 세상에 푹 잠겼다.

무언가 하려는 의지를 내려놓고 빗해파리와 함께 떠다니는 수밖에 없었다. 나는 머리를 선미 쪽으로 두고 누운 채 빛과 색상이 만들어내는 조용한 장관을 넋을 잃고 바라보았다. 소형 보트가 부드러운 해류에 맞춰 천천히 방향을 틀고 있었다.

야생에서 펼쳐지는
생사의 보편성

_물고기 떼

카이와 존의 초기 발견을 입증하기 위한 여정이 깊어질수록 우리가 살펴보고 있는 지역에 우리가 추측한 봉합대가 있다는 사실을 확신하게 되었다. 그 사실을 깨닫자 칼스비크와 동료들이 1987년에 발견한 오래된 마그마의 암석(화성암)과 우리가 걸었던 봉합대 사이의 관계를 이해하는 일이 더욱 중요해졌다. 우리가 갖고 있는 지질도에 따르면 화성암체는 노르드레 스트룀피오르 전단대의 북쪽으로 뻗어 있지 않았다. 이는 단순히 우연한 지질학적 관계였을까, 아니면 봉합대가 거대한 지각운동에 의해 고체로 변한 마그마의 방을 조각내어 이 화성암 복합체의 잔해를 미지의 장소로 옮겨놓았다는 의미였을까? 봉합대에 놓인 연필 편마암을 통해 우리는 냉각되어 고체로 변한 마그마가 극심한 변형을 겪었다는 사실을 알 수 있었다. 만약 전단된 연필

편마암이 화성암체에 나타나는 유일한 변형의 결과이며, 화성
암체가 전단대에서 그런 변형만 겪었다면 노르드레 스트룀피
오르 전단대는 존과 카이가 여러 해 전 묘사했던 주요 지체구조
양상임이 거의 확실했다. 우리는 이제 연필 편마암이 지역 전체
에서 발견될 것인지 이 봉합대에서만 보일지를 알아내야 했다.

   그리하여 화창하고 상쾌한 어느 날 아침, 우리는 야영지 동북
쪽에서도 전단된 화성암을 발견할 수 있을지 알아보기 위해 탐
사에 나섰다. 암석의 샘플을 추출하고 정확한 모습을 파악할 경
우 옛 산지 형성에 담긴 이야기를 밝힐 수 있을 터였다.

   우리는 조디악을 타고 피오르를 가로질러갔다. 우리가 향하
는 곳은 작은 만이 많아 지질 구조를 살펴보기 좋은 곳이었다.
산들바람이 수면을 살짝 훑고 지나가 목적지까지 비교적 쉽게
도달할 수 있었다. 아침 내내 우리는 몇몇 장소를 살펴보았지만
얼어붙은 옛 마그마의 암석에서 극단적인 변형을 보여주는 증
거를 찾지 못했다.

   오전이 끝나갈 무렵 산들바람이 사라지고 정적이 내려앉았
다. 그리고 그와 함께 여름 모기 떼가 찾아왔다. 계속해서 윙윙
거리는 모기 소리는 신경을 곤두서게 했다. 우리는 장갑을 끼고
모기장이 처진 모자를 꺼내 썼다. 현장 탐사에 나서는 사람은

모기장과 장갑을 낀 채 일하는 데 익숙해진다. 머지않아 모기장은 잊게 되고 장갑은 쉽게 꼈다 뺐다 하게 된다. 그러나 점심때가 되자 모기장과 장갑이 성가시게 느껴졌다. 우리는 조디악의 속도를 최대한으로 높여 피오르를 가로질러가 따라오는 모기를 따돌리기로 했다. 우리는 배낭에 물통과 점심을 넣었고 존은 재빨리 시동을 걸었다. 조디악이 수면을 가로질러가자 모기 떼는 빠른 속도로 사라졌고 우리는 안도의 한숨을 내쉬며 모자와 장갑을 배낭 안에 넣었다.

모기의 공격에서 벗어나자 존은 시동을 껐고 보트는 밀물의 흐름에 따라 천천히 흘러가며 느긋하게 물속을 선회했다. 적막 그 자체였다. 이따금 반짝이는 유리 표면 같은 피오르가 선체 측면에 찰싹 닿는 소리만 들릴 뿐이었다. 빙상에서 떨어져나온 작은 빙하 조각이 우리 곁을 지나가더니 점점 녹아서 사라졌다. 우리는 따뜻한 태양빛 아래 놓인 그곳의 모든 감각이 우리 안에 스며들도록 서로 말을 삼갔고 평소와 다를 바 없이 빵과 정어리, 치즈에 보온병에 싸온 따뜻한 커피를 곁들여 천천히 점심을 먹었다.

점심식사를 마치고 해안으로 향할 무렵 산들바람이 다시 불어왔다. 보트에 올라타자 모기 떼가 우리에게 달려들었다. 하지만 산들바람 때문에 모기 떼는 자꾸 아래로 밀려났고, 어두운 구름 같은 모기 떼는 마치 우리를 물 수 없어 비명을 지르며 정신없이 날아다니는 것만 같았다. 우리는 모기장을 치우고 장갑도 벗어던졌다.

우리는 완만하게 경사진 편마암의 길쭉한 노두 옆에 있는 자갈 깔린 작은 해안에 상륙했다. 암석층은 해안선과 수직으로 놓여 있었다. 덕분에 우리는 걸어가면서 다양한 암석을 살펴볼 수 있었고 암석을 측정하고 샘플을 채취하면서 오랜 역사의 조각들을 모아볼 수 있었다.

나는 존과 카이를 앞질러갔다. 둘은 편마암에 들어 있는 무언가를 둘러싸고 논쟁을 하고 있었는데 나는 별로 흥미가 없는 내용이었다. 하늘은 스스로 빛을 발산하는 것처럼 정말이지 파랬다. 그러한 하늘을 반사할 경우 물은 보통 짙은 청록색을 띠게 마련인데, 탁하고 흐린 녹색이었다. 동쪽으로 몇 킬로미터 떨어진 빙하의 바닥에서 솟구치는 해빙수, 그 해빙수로부터 피오르로 흘러드는 곱게 분쇄된 암석 때문이었다.

나는 작은 지점을 돌아 매끄럽게 닦인 암석으로 향했다. 새하얀 암석의 얇고 검은색 층이 복잡하게 습곡으로 휘어져 아코디언 같은 형태를 띠고 있었다. 나는 잠시 이리저리 돌아다니면서 암석이 내뿜는 고요한 아름다움을 감상하며 그 안에 담긴 과학적인 의미를 이해하려고 노력했다. 익명의 도예가가 서정적인 판타지에 심취해 장난을 친 건 아닐까 하는 생각이 들었다.

　잠시 후 나는 노트를 펼쳤고 암석에 들어 있는 광물을 보다 자세히 관찰하기 위해 무릎을 꿇은 뒤 기록을 남기기 시작했다. 손바닥에 암석을 갖다대고 조직의 질감을 느껴보았다. 군데군데 수천 년 전 토사와 물을 품고 있던 빙하에 의해 연마되고 갈린 암석의 표면은 유리처럼 매끄러웠다. 반면, 표면이 쪼개지는 바람에 고르지 못한 부위도 있었다. 그런 부위에서는 석영과 장석, 각섬석의 쪼개진 결정이 박힌 표면이 그대로 드러났다. 매끄러움과 까끌까끌함이라는 촉각의 차이에 호기심을 느끼며 나는 그 대조적인 질감을 느껴보았다.

　날은 따뜻했다. 그린란드는 해가 떠 있을 때에도 살을 엘 정도로 춥지만 따뜻한 날이면 노두가 태양빛을 흡수해 빛을 반사한다. 나는 배낭과 재킷을 벗고 등을 대고 누웠다. 온기가 셔츠를 타고 피부 안으로 스며드는 것이 느껴졌다. 몇 분 동안 가만히 누운 채 이 단순한 접촉이 가져다주는 감미로운 사치를 누렸다. 잠시 후 오른쪽으로 몸을 돌리니 수평선 너머로 보이는 빙벽의 정적인 묵직함이 나를 사로잡았다.

　그곳에 해안가는 없었다. 그저 흰색 암석만이 바다에 접해 있을 뿐이었다. 암석이 떨어뜨린 흔적, 빙판에서 떨어져나온 작은 빙하 덩어리가 썰물 속에 느릿느릿 떠다니고 있었다.

그러다가 물가에서 몇 미터밖에 떨어져 있지 않은 곳에서 청
어 같은 물고기 떼가 천천히 헤엄치는 모습이 보였다. 물고기
떼가 그곳에 내내 있었다는 사실이 놀라웠다.

청어는 피오르에서 흔히 볼 수 있었지만 보통은 혼자이거나
작은 무리를 지어 다녔다. 이리저리 돌아다니는 청어 떼는 지느
러미나 꼬리를 체계적으로 움직일 만한 에너지가 없는 듯 늘 멍
하고 무기력해 보였었다. 하지만 해안가 경계에 있던 이 청어
떼는 목적을 갖고 움직였다. 이들은 작은 강처럼 피오르의 머리
부분을 향해 헤엄치고 있었으며 물이 얕고 따뜻하고 고여 있는
부위에 모여 있었다. 수천 마리의 청어가 수 미터 너비의 띠를
이루며 움직이고 있었다. 그들은 수면에서부터 탁한 물에 가려
보이지 않는 저 아래 깊숙한 곳까지 이동하고 있었다. 이 살아
있는 강이 얼마나 길게 이어져 있는지는 알 수 없었다. 청어 떼
는 양쪽 방향으로 끝도 없이 뻗어 있었다. 나는 이 수많은 각각
의 존재들을 자신도 모르는 목적지로 향하게 만드는 집단의 목
표에 놀라며 넋을 잃은 채 그곳에 앉아 있었다.

그런데 그 순간 갑자기 물고기 떼가 폭발하는 별처럼 사방으
로 흩어졌다. 내 눈앞의 한 지점에서 사방으로 멀어져가는 물고
기들은 허둥대는 기색이 역력했다. 바닷물은 마구 움직이는 꼬
리와 지느러미로 부글거렸다. 물고기에게 목소리가 있었다면

대기는 겁에 질린 비명 소리로 가득 찼을지도 모른다.

순간 탁한 물속 깊은 곳에서 쫙 벌린 아가리가 솟구치는 게 보였다. 북극 둑중개Arctic sculpin가 청어 떼를 공격하고 있었다. 이 시커먼 물고기는 순식간에 청어 한 마리를 집어삼킨 뒤 뿌연 물속으로 천천히 가라앉고 있었다. 10센티미터 이상이나 되는 턱 속에 갇힌 청어는 발버둥을 쳤지만 헛된 몸부림일 뿐이었다.

북극 둑중개는 예쁘장하게 생긴 물고기가 아니다. 머리는 앙상하고 몸에는 가시가 박혀 있으며 날카로운 이빨을 지녔다. 회갈색에 검은색 점이 박힌 둑중개는 물속 바닥에 붙어살면서 이따금 느리게 헤엄치는 작은 물고기를 사냥하는데, 그 모습을 직접 목격한 것은 처음이었다.

흩어진 물고기 떼는 10초 정도 어떻게 해야 할지, 어디로 가야 할지 갈피를 못 잡은 채 허둥댔다. 그러다가 어떤 명백한 신호도 없이 다시 모였고 몇 분 전과 같은 모습으로 돌아갔다. 방금 일어난 죽음을 망각한 채 미지의 운명을 추구하는 굴곡진 삶을 이어갔다.

물고기는 단순한 생명체다. 성공을 꿈꾸거나 미래를 생각할 능력이 없다. 열정적인 이야기나 머나먼 목적지를 상상하지도 않는다. 그렇다면 기대하는 것이 전혀 없는 존재에게 죽음을 두려워한다는 것은 어떠한 느낌일까? 개체의 생존만을 위한 무의식적인 이주를 감행하게 하는 개별적인 감각은 무엇일까? 다른 이들을 따라 미지의 장소로, 형체가 없고 막연하지만 저항할 수 없는 무언가를 향해 가는 것은 어떠한 경험일까? 특정한 욕망이나 상상이 결여된 삶은 어떠할까?

내가 그곳에 있는 동안 생사가 펼쳐지는 드라마는 네 번 더 반복되었다. 마치 리본이 움직이듯 물고기 떼는 매번 사방으로 헤엄쳤고 둑중개는 솟구쳐 또 다른 물고기를 잡아먹은 뒤 탁한 물속으로 들어갔다. 내가 그곳을 떠날 때에도 이 모습은 끝없이 이어졌다.

그날 밤 부엌 텐트에서 카이가 꽁꽁 언 캔을 따는 소리와 휴대용 석유 화로에서 물 끓는 소리가 배경음처럼 들리는 가운데, 나는 야생에서 펼쳐지는 생사의 보편성에 경탄하고 있었다. 툰드라 표면에는 새의 뼈와 북극여우의 두개골, 순록의 뿔이 곳곳에 흩어져 있었다. 진화론적 변화의 과정을 보여주는 이 증거는 우리가 가는 곳마다 새하얀 땅 위를 어두운 음영으로 장식하고 있었다. 미래는 계속해서 뼈의 표면에서 탄생하고 있었다.

우리가 계획하고 구축한 세상에서는 우리가 실제로 어떠한 세상에 속해 있는지 알 수 없다. 우리는 자신의 의도와는 상관없이 지난 수십억 년에 걸쳐 펼쳐진 변화의 산물이다. 우리가 무엇인지, 무엇의 일부인지 진정으로 이해하려면 형태가 완성되지 않은 야생의 세계를 알아야 한다. 그곳은 뼈가 놓여 있는 세상이다.

저녁식사를 마친 뒤 존과 나는 식기와 냄비를 들고 가장 좋아하는 설거지 장소로 갔다. 존이 설거지를 했다. 나는 음식 찌꺼기를 말끔히 씻어내는 일을 잘하지 못해, 식기 건조시키는 일을 맡기로 했다. 깨끗하게 씻긴 식기와 냄비를 기다리는 동안 나는 강가를 바라보며 혼자만의 생각에 빠졌다.

잠시 후 존을 바라보니 모기 떼가 그의 뒤에 무리지어 있었다. 나는 비누투성이 접시를 들어 윙윙거리는 모기 떼를 향해 휘둘렀다. 그러고는 접시를 뒤집어 존에게 보여주었다. 37마리의 모기가 지름 15센티미터 접시 뒤에 납작하게 눌려 있었다. 존은 씩 웃은 뒤 접시를 받아 모기를 씻어낸 다음 툰드라에 물기를 털었다. 우리를 둘러싸는 원대한 계획의 차원에서 볼 때 둑중개와 나 사이의 차이는 내가 바라는 것보다 크지 않을지도 모른다.

인상 3

그곳에는 심해가 흐른다, 나무가 자라는 곳.
오 땅이여, 너는 어떠한 변화를 보았는가!
긴 도로가 포효하는 그곳에는
중앙 바다의 고요함이 있다.

언덕은 그늘이고 그들은
한 형태에서 다른 형태로 흐른다. 멈춰 있는 것은 없다.
그들은 수증기처럼 녹는다, 단단한 땅은
구름처럼 스스로 형태를 짓다가 사라진다.

– 앨프리드 테니슨, 《인 메모리엄》

　　　　　　　　내 왼쪽에는 두께가 몇 미터 정
도 되는 작은 툰드라 경사면이 있으며 오른쪽에는 자갈 깔린 해
안이 있다. 내 무릎 옆에는 손가락뼈처럼 툰드라에서 삐죽이 튀
어나온 하얗고 으스러진 네 개의 뼈가 있다. 갈비뼈의 일부인
척추뼈를 제외한 나머지 두 개는 식별이 불가능하다. 축 처진
채 죽어가는 부드러운 매트 같은 잔디에서 자라나는 작은 흰색
꽃다발은 산들바람에 흔들리고 있다. 툰드라 중간쯤에 불쑥 튀
어나와 있는 갈비뼈 조각은 내 엄지손가락보다 길고 두께는 엄

지손가락과 비슷하다. 크기로 보아 순록의 뼈로 짐작된다.

툰드라가 무성해지기 시작한 것은 6천 년 전 무렵이었다. 마지막 빙하기가 끝나고 빙하가 녹으면서 후퇴하기 시작할 무렵이었다. 뼈가 식물의 뿌리와 꽃의 잔해와 뒤엉킨 채 이토록 깊이 묻혀 있었다면 이 동물은 분명 3~4천 년 전에 죽었을 것이다.

최초의 인간이 캐나다 북동부에 자리한 섬을 건너 그린란드에 정착했을 무렵이었다. 그전에는 순록과 사향소가 이 땅을 자유로이 돌아다녔다. 그들은 자신과는 달리 피부가 있는 인간을 두려워했을까? 그들은 뛰어다니거나 가만히 선 채로 처음 보는 육식동물을 호기심 어린 눈으로 바라보았을까? 수천 년 동안 그들의 것이었던 풍경과 인간 없는 세상에서 연마한 생존 전략은 도전을 받기 시작했으리라. 이 뼈들을 바라보며 나는 그 초창기 만남의 결과를 보고 있는 것은 아닌지 궁금해한다.

지난 수천 년 동안 식물은 순록의 잔해를 마음껏 포식했다. 동물의 뼈와 살에서 취한 영양분을 토대로 줄기와 수술, 암술, 잎을 키웠다. 이용되지 않거나 유용하지 않은 부위는 바닷물을 머금은 피오르로 다시 흘러들어갔다. 이 혼합물은 조석 주기와 바람을 타고 깊은 바다로 흘러들어갔고 퇴적물과 플랑크톤, 고래에게로 자연스럽게 흘러갔다. 잘 녹지 않는 흰색 뼈 안에는 나머지 것들이 담겼다.

나는 고개를 들어 피오르의 회색 표면에 떠다니는 빙하 덩어리를 바라보았다. 빙하는 달과 태양, 바다가 연출하는 한 편의 춤에 몸을 맡긴 채 둥둥 떠다니고 있었다.

제3장
등장

디젤 연료로 구동되는 콘크리트 기계는 우리가 문명세계로 돌아왔음을 명징하게 보여준다. 내가 툰드라에 남겼던 발자국은 마치 무無를 규정하는 것처럼 느껴진다. 우리는 우정, 조류, 바람, 구름층에 주의를 기울였던 존재에서 벗어나고 있다. 지금 우리 앞에 있는 새로운 세상은 진화하는 풍경이나 삶의 자연스러운 흐름과는 거리가 있다. 이곳에는 국경과 경계가 있다. 활주로의 단단함마저 기이하게 보였다. 지구를 느낄 수 있는 천 가지 방법을 제공하고 있는 불규칙적인 대지의 감촉이 의도적으로 삭제되고 있다.

야생에서의 삶은 가혹하고
생존은 투쟁이다

_조석

야생이 적막한 것은 소리가 없기 때문만은 아니다. 자연에는 온 갖 소리가 넘쳐나지만 우리에게는 이 소리를 들을 수 있는 기관 이 없다. 이 광활한 장소에는 살아 있든 죽어 있든, 동적이든 정 적이든, 인간은 이루어낼 수 없는 일들이 달그락댄다. 공룡이 포효하는 소리, 삼엽충이 웅얼거리는 소리, 하늘을 나는 익룡이 쉭 하고 지나가는 소리가 그것이다.

　나는 존이나 카이가 커피를 만들어놓았는지 보려고 텐트에 서 기어나온다. 대기 중에 녹아 있는 평온에 정신이 번쩍 든다. 압도적인 침묵에 감싸인 채 툰드라를 지나 부엌 텐트로 향하는 길, 우리가 쳐놓은 작은 텐트들의 나약함이 유독 크게 다가온 다. 임시로 설치한 허술한 4개의 텐트는 푹신푹신한 툰드라 아 래로 15센티미터 박힌 알루미늄 핀 몇 개에 고정되어 있다. 이

텐트들을 보고 있으면 우리의 존재가 얼마나 하찮은지 또다시
생각하게 된다.

고개를 숙여 텐트 안으로 들어가자 커피향이 나를 반긴다. 카
이가 커피를 만들어두었다. 텐트 안을 가득 메우는 커피향이 감
미롭다. 잠시 후 존이 들어오자 우리는 하루 계획을 짜기 시작
한다.

야영지에서 서쪽으로 10킬로미터 넘게 떨어진 곳에 우리가
아직 탐사하지 못한 투네르토크Tunertoq라는 섬이 있다. 이 섬은
전단대의 북쪽 경계로 보이는 지점에 놓여 있다. 늘 그렇듯 아
침은 날귀리에 분말 우유, 설탕, 그리고 빵과 크래커, 치즈, 잼
조금이다. 아침을 먹으며 전단대의 북쪽 경계를 더 많이 찾으려
면 어디에 위치한 갑이나 만을 살펴봐야 할지 계획을 세우고 얼
마나 시간이 걸릴지 가늠해본다. 충돌의 형태를 알아내려면 전
단대 경계를 3차원적으로 파악해야 한다. 잠정적인 계획이 세
워지자 점심을 챙기고 망치와 나침반, GPS 장치, 시료 가방을 비
롯한 기타 장비를 들고 조디악을 정박해둔 자갈 깔린 해변으로
향한다.

존이 보트를 당겨 그 위에 올라타자 카이가 뒤따른다. 나는 밧
줄을 푼 뒤 조디악을 밀면서 뛰어올라탄다. 시동 로프를 몇 번

당기자 선외기에 시동이 걸리고 보트는 파란색 연기를 내뿜으며 물 위를 가로지른다. 엔진이 공회전을 하자 존은 후진 기어로 바꾸고 보트를 천천히 피오르 쪽으로 몬다. 카이와 나는 각각 뱃머리의 양쪽에 자리를 잡고 앉는다. 모든 것이 자리를 잘 잡았는지 확인한 존은 기어를 바꾸고 천천히 보트를 피오르 쪽으로 몰면서 조절판을 연다. 맹렬한 소리와 함께 시동이 걸린다.

보트에 속도가 붙자 뱃머리가 내려가고 물보라가 인다. 우리는 수면을 거의 건드리지 않은 채 물을 스치듯 지나간다. 피오르는 유리 같다. 데이비스해협에서 불룩 튀어나온 이 지형은 여간해선 눈에 띄지 않는다. 우리 뒤로 튀어오르는 물방울이 태양빛을 받아 반짝거린다. 시원한 아침 공기 속에서 수백만 개의 반짝이는 물방울이 별처럼 아롱댄다. 바람이 거세지자 카이와 나는 모자를 바짝 당겨 내리고 깃을 세운 뒤 파카의 지퍼를 채운다.

새로운 것을 발견한다는 흥분이 앞서지만 사실 그보다 더 선명한 감각은 우리가 그곳에 있다는 경이로움이다. 이 공간이 지닌 궁극의 순수함이 암석, 물, 빙하, 생명체라는 확실한 지형에 대한 경험에 스며든다. 아름다움은 압도적으로 다가와 우리의 심장을 저미고, 동요가 다급히 그 순간을 파고든다.

유기 화합물과 한 줌의 미량 원소는 어떻게 풍경을 바라보고 경이를 경험하는 생명체를 만들어내는 것일까? 생명체가 아름다움의 존재를 알며 아름다움은 가장 깊은 야생에 존재함을 안다는 것은 무슨 의미일까? 안전하고 풍요로운 장소를 거닐 때 고요함을 경험할 수 있는 것, 그것의 진화론적 이점은 충분히 이해할 수 있다. 하지만 이곳에서는 삶이 가혹하고 생존은 투쟁이다. 장대한 풍경이 내 곁을 스쳐지나가자 깊은 경이와 평화가 나를 적신다.

길이 30킬로미터에 폭이 6.5킬로미터에 이르는 투네르토크섬은 아르페르시오르피크 피오르의 북쪽을 따라 서쪽에서 동쪽으로 길게 뻗어 있다. 그 뒤로는 격자 형태의 피오르와 만이 북쪽과 동쪽으로, 내륙 빙하와 만나는 경계 지점까지 약 65킬로미터가량 펼쳐져 있다. 그곳에서는 빙원 아래 거대한 강이 지나가는데, 이 강은 해빙수를 피오르로 쏟아내며 고여 있던 바닷물을 새롭게 채운다. 썰물이 되면 복잡한 정맥과 동맥을 따라 아르페르시오르피크 피오르에 엄청난 양의 해빙수와 바닷물이 쏟아져 들어간다. 만조가 되면 거꾸로 밀물이 되면서 피오르는 내륙의 수로에 저장되어 있던 물을 강으로 내뱉는다.

투네르토크섬은 이 복잡한 격자 구조를 가로막는 장애물이다. 바닷물이 피오르에 들어오고 나오는 바로 그 지점에 위치한 거대하고 단단한 장벽이다. 내해가 이동할 수 있는 경로는 섬의 양쪽 끝에 위치한 좁은 수로밖에 없다. 내해는 빠져나오거나 들어오기 위해 그 길을 따라 흘러야만 한다. 그린란드는 조차가 6미터는 거뜬히 되기 때문에 조류가 최고조에 이를 때면 이 수로를 따라 엄청난 양의 물이 솟구친다.

존은 늘 그렇듯 파란색 야구모자와 선글라스를 낀 채 선체 바깥쪽 우현에 앉아 있다. 카이와 나는 고무보트의 균형을 맞추기 위해 뱃머리에 앉아 있다. 우리 옆에는 구명슈트가 놓여 있다. 바람이 불거나 파도가 센 날이면 구명슈트를 입는다. 얼음처럼 차가운 물에 빠질 경우 저체온증으로 급사할 수 있기 때문이다. 하지만 오늘 같은 날, 다시 말해 유리 같은 수면이 아침 해를 우아하게 반사하고 너울이 아주 낮게 일며 바람이 차분한 날이면 구명슈트는 한쪽으로 치워버린다.

갑자기 보이지 않는 벽에 부딪힌 것처럼 보트가 거의 멈추더니 한쪽에서 다른 쪽으로 급격하게 뒤틀린다. 앞으로 휙 쏠린 존이 모터의 손잡이를 아래로 당기자 엔진의 회전 속도가 올라가면서 끼익 소리가 난다. 카이와 나는 옆으로 쏠렸고 차가운 물속으로 내던져지기 직전 보트 옆에 달린 밧줄을 가까스로 붙잡는다. 우리는 낑낑대며 겨우 보트로 올라와서 보트 바닥에 몸을 내던진다. 보트는 좌우로 크게 흔들린다. 우리를 떨어뜨리려는 듯 몸을 이리저리 흔든다. 깜짝 놀란 우리는 심호흡을 크게 한 뒤 허둥지둥 자기 자리로 돌아가 존을 바라본다. 처음에는 그가 장난친 거라고 생각했다. 하지만 그건 말이 되지 않는다. 존은 유머 감각이 있기는 하지만 우리를 물에 내던지려고 하는 것은 그답지 않은 행동이다. 카이와 내가 자리를 잡으려고 안간힘을 쓰는 동안 보트는 계속해서 미친 듯이 흔들린다. 서둘러 엔진 옆으로 가는 존의 이마에 깊이 파인 주름과 무언가를 애타게 찾는 강렬한 눈빛을 보니 무언가 잘못된 게 분명하다.

존은 재빨리 엔진을 끄고, 투네르토크섬의 동쪽 끝에서 우리가 막 건너기 시작한 작은 수로 쪽으로 뱃머리를 몬다. 배가 안정을 되찾자 그는 선외기의 시동을 다시 건 뒤 우리를 바라본다.

"조류야." 그는 엄숙하게 말한다.

우리는 그가 응시하는 방향을 바라본다. 수로의 표면은 소용돌이치는 강과 같다. 빠르게 움직이는 해류 안에서 거대한 물이 보글거리며 거품을 일으키고 있다. 그곳 어딘가에 유리처럼 맑은 피오르가 있다는 증거를 부인하는 것만 같다. 우리가 그곳을 지나간 시기가 최악이었다. 하필 썰물이 절정에 달할 때 그곳을 지나간 것이다. 섬에서 피오르로 향하는 물길이 가장 셀 때로,

이 무렵이면 물길은 자신과 자신이 들어가려고 애쓰는 피오르 사이에 날카로운 경계를 만들어낸다. 침입한 자와 침입당한 자 간의 경계는 날카롭고 완강하다. 우리가 충돌한 지점은 바로 그 경계로 우리는 하필 최고 속도로 그 지점에 달려든 것이다.

호기심을 느낀 존은 뱃머리를 서쪽으로 더 튼 채 시동을 걸어 해류를 천천히 거슬러 가본다. 보트는 휙 돌다가 서서히 자리를 잡는다. 우리 주위로 물이 제멋대로 소용돌이치고 있다.

우리는 초조한 듯 살짝 웃으며 자세를 조금 고쳐 앉는다. 나는 "대단했어"라고 초조하게 말하고 카이는 "아직도 그래"라고 답한다.

카이와 나는 밧줄을 단단히 움켜쥔 채 조심스럽게 앉아 있다. 상황이 완전히 나아지지는 않았지만 작은 보트가 안정을 되찾았다는 사실에 마음이 살짝 놓인다. 존은 선외기를 솜씨 좋게 작동하며 해류를 따라 조심스럽게 나아간다. 우리는 앞을 바라본다. 무언가를 찾고 있지만 그것이 무엇인지 모르는 사람처럼 요동치는 물을 하염없이 바라본다.

그때 마치 커튼 뒤에서 불쑥 나타난 것처럼 무언가 위험한 존재가 감지된다. 분명 줄곧 그곳에 있었을 테지만 물에 빠지지 않아야 한다는 생각밖에 없었기 때문에 우리가 인식하지 못했을 뿐이다. 이제 한시름 놓은 상태가 되자 인식의 범위가 넓어지며 위협적인 존재가 느껴진다.

천둥 같은 소리가 우리를 뒤흔든다. 소나기구름의 소리인가 싶어 하늘을 바라보지만 아무것도 보이지 않는다. 파란 하늘에는 솜털 같은 구름이 잔잔히 펼쳐져 있다. 하지만 소리는 계속해서 들려오고 우리 주위에서 떠나갈 듯 울려퍼진다. 목 깊은 곳에서 울려나오는 이 소리는 멈출 줄 모르고 계속해서 으르렁거린다.

조디악은 뱃머리와 옆 부분이 고무 플랫폼으로 되어 있는 고무보트다. 보트를 지지하기 위해 추가로 고무 튜브 두 개가 안쪽에 펼쳐져 있는데 이 튜브는 벤치 역할도 한다. 바닥은 고무를 입힌 천으로 돼 있는데, 조금 더 단단하고 안정적으로 만들기 위해 그 위에 얇은 판을 끼워넣었다. 천둥소리는 바로 이 바닥을 통해 들려온다.

이내 우리는 이 소리가 거대한 바위에서 들려온다는 사실을 깨닫는다. 격한 조수가 거대한 암석에 닿으면서 나는 소리다. 조수는 단단한 암벽과 피오르의 바닥으로 떨어지면서 기반암 편마암과 편암을 깎아 비밀스런 물속 풍경을 만들어내고 있다. 우르르 하는 소리가 계속해서 물을 따라, 우리의 작은 보트를 따라, 차가운 공기로 메아리친다. 우리는 서로를 바라보고 소용돌이치는 물을 바라보다가 소리에 귀 기울인 뒤 몸을 조금 더 수그린다. 존은 엔진의 회전 속도를 조금 더 높여 해안가로 향한다. 암석이 뱉어내는 조수의 흐름을 따라 조심스럽게 배를 몬다.

우리는 야생의 표면을 따라 이동하고 있다. 우리의 이해를 넘어서는 힘이 만들어낸 이 세상은 죽음에 취약하다. 보트에서 내던졌더라면 순식간에 물에 휩쓸려 저세상으로 갔을 것이다. 이곳에서 생존이란 우연들의 집합에 불과하다.

이곳 바다에서는 바다를 둘러싸는 암석의 일부였던 원자가 표면에서 떨어져나간 뒤 조류의 흐름에 따라 자유로이 떠다니고 있다. 이 원자는 단순한 열역학으로 짜인 대화를 통해, 바람에 실려온 먼지, 성간星間 입자, 분해된 동물의 사체, 썩어가는 식물에서 온 다른 원자들과 뒤섞인다. 그들은 우리가 이해할 수도, 인지하지도 못하는 방식으로 대화를 나눈다. 그들의 대화는 하나의 개체로 통합되고 진화하면서, 생명체나 화학적 퇴적물 혹은 단순한 용해 분자를 구성하는 존재가 된다. 그들은 깊이 흘러들어가거나 바다의 표면으로 솟아오르고 증발한다. 히말라야산맥의 눈송이가 되고 갠지스강의 홍수가 되는 것이다. 그리고 이따금 우리의 일부가 되기도 한다.

우리의 항해는 계속된다. 으르렁거리는 조석의 목소리가 배경음악처럼 들린다. 우리는 역사를 살펴볼 수 있는 부분이 많은 노두를 찾아 몇몇 지점을 돌고 작은 만을 건넌다. 우리는 과학의 손길이 거의 닿지 않은 세상을 건너고 있다. 그저 이곳에 무엇이 있을지 막연하게 알 뿐이다.

바로 그때 작은 만으로부터 45미터가량 떨어진 곳에서 작은 노두가 보였다. 이 노두는 해안의 경계에서 내륙 쪽으로 30미터 지점에 있는 툰드라의 침식된 표면까지 이어져 있다. 우리는 재빨리 보트에서 내려와 호기심 가득한 마음으로 암석으로 향한다.

암석 주변에 있는 노출된 무늬가 인상적이다. 그 모습이 너무 강렬해 우리는 놀랍다는 감탄사를 연발하면서 암석의 곳곳을 훑어본다. 분홍색, 흰색, 회색, 황갈색, 검은색의 띠가 보인다. 어떤 띠는 폭이 1센티미터도 안 되고 어떤 띠는 몇 미터나 된다. 길게 늘어나 축 처진 습곡의 형태가 눈길을 사로잡는다. 이 기반암은 한때 버터처럼 부드러웠을 것만 같다. 자유롭게 뻗어나간 즉흥적인 예술작품을 보고 있는 기분이다. 열정에 사로잡힌 창의적인 천재가 유동적인 암석을 도구 삼아 자신만의 리듬으로 그린 불가사의한 그림 같다. 암석마다 형태와 색상의 패턴이 달라 우리는 자꾸 멈춰선다. 이곳의 역사와 의미를 이해해보려고 우리는 손과 무릎을 짚고 엉금엉금 기어간다. 과학적인 관점에서 보면 이곳은 보물이다. 미적인 관점에서 보면 이곳은 걸작이다. 우리의 정량적인 세상은 천상의 영역에 아주 매끄럽게 침투하며 흐르는 듯한 세상에 녹아든다. 우리가 하는 일에는 더 이상 경계가 없다. 마음이 받아들일 수 있는 모든 것이 이곳에 있다.

당시에는 우리가 살펴본 암석이 이 지역에서 가장 오래된 암석이라는 사실을, 지구에서 가장 오래된 대륙 중 하나에 존재하는 암석의 잔해라는 사실을 몰랐다. 실험실로 돌아와 몇 달 동안 연구를 거듭한 끝에야 그 암석들의 나이가 33억 년보다 더 많다는 사실을 알게 되었다. 이 암석은 단세포 생물만이 자유로이 떠다니고 모래바람으로 황량한 작은 대륙이 표류하던, 수십억 년 전 해양 분지의 존재에 대한 증거였다. 그 해양은 우리가 연구하던 조산운동과 관련된 바다보다 훨씬 오래된 해양이었다. 검은색 층은 그런 오래된 해양의 퇴적물에 관입한 한때 용융된 암석이었고, 나중에 물이 빠져나가면서 결정의 형태가 변한 것이다. 깊숙이 묻히고 가열되고 압축된 전체 지층은 수억 년 동안 미지의 조산운동을 통해 습곡되고, 재습곡되고, 변형되고 그리고 관입을 받았다. 결국 마지막 수천만 년 동안 지층은 지표로 융기하고 새로운 바다가 해안선을 이루며 우리의 발 아래서 새로운 변화를 기다리고 있다. 그곳은 우리가 찾고 있던 전단대의 북쪽 경계였다. 충돌에 관여한 대륙의 바로 그 경계였다.

우리 셋은 이 같은 발견을 한 뒤 몇 번 더 그곳을 찾아갔다. 우리는 숙련된 관찰자로서 큰 그림의 세부 사항을 채울 사실과 증거를 비판적인 눈으로 바라본다. 그리고 이 복잡한 무늬와 색상, 조직에 담긴 순차적인 역사를 알고 싶어 기록을 하고 샘플을 채취한다. 측정을 반복하고 토론하고 추론한다. 하지만 아무리 꼼꼼히 기록하고 방향을 측정하고 패턴과 광물, 조직을 묘사해도 방문 때마다 새로운 사실이 드러난다. 세 번, 네 번 찾아가서 노두나 패턴을 살펴보지만 그때마다 전에 보지 못한 것을 발견한다.

모든 풍경은 미래의 지형을 형성한다. 이 확고한 힘 뒤에 올라탄 우리는 바위가 완고한 갯고랑의 벽을 미친 듯이 두드리던 그 순간에만 그 과정에 함께할 뿐이다.

우리가 존재했다는 증거,
그 덧없음에 대하여

_조약돌

며칠이 흐르고 몇 킬로미터를 지났다. 우리 셋은 광물의 방향, 평면 구조의 주향, 층상 암석의 광물 조합 등 정보의 조각을 모으고 샘플을 채취한 뒤 기록을 한다. 이 모든 것은 얼마 안 되는 정보를 확장시켜보려는 노력이다. 육안, 확대경, 나침반은 단순한 도구다. 실험실 분석 결과가 있어야 비로소 이야기를 엮어볼 수 있다. 그렇다 할지라도 우리가 직접 본 것들은 첫인상을 형성하기 마련이고 이를 통해 몇 가지 사실과 통찰력을 얻을 수 있다. 늘 그렇듯 저녁이면 둘러앉아 얘기를 나눈다. 이 대화에는 개인적인 삶의 복잡함과 기쁨, 그리고 자신이 추구하고 있는 과학의 경험이 뒤섞여 있다.

오늘처럼 특별한 날에는 이 대화에 희미하게나마 만족감이 감돈다. 전단대는 '직선대'가 아니라 거대한 이동이 있던 지대다. 이는 고대 대륙의 수렴을 입증하는 결정적인 요소 중 하나다.

나는 부엌 텐트에서 기어나와 툰드라로 뒤덮인 암석을 감싸는 작은 해안가로 향한다. 야영지에 접한 작은 절벽까지 가기란 어렵지 않다. 해안의 경계까지 가면서 우리가 나눴던 대화를 곱씹는다.

해안가는 자갈과 조약돌로 이루어진 짧은 길로, 모래는 별로 없다. 내 오른쪽으로 길이가 3미터에 달하는 작은 능선이 바다 안으로 2미터 정도 뻗은 채 해안과 평행하게 나 있다. 물이 차오르면서 능선에 부딪히기 시작한다. 해안가에서 일렁이는 작은 파도는 능선과 닿는 부분에서 잠시 휘몰아치며 그 주위를 맴돌고 그 안에 작은 자갈을 실어온다.

나는 능선 뒤의 후미진 쪽으로 가서 물가에 선 채 피오르를 바라본다. 구름이 머리 위로 휙 지나가며 만물 위로 회색의 우울을 드리운다. 멀리 보이는 해안은 바다 건너편에 놓인 어두운 존재로, 흐릿한 저녁빛 아래 평범한 얼굴을 하고 있다. 생각에 잠긴 채 한참을 서 있는데 밀물과 작은 파도가 갑자기 들이닥쳐 내 부츠를 하얀 물과 거품으로 적신다. 나는 재빨리 뒤로 물러서면서 끝없이 이어진 자갈을 밟는다. 나의 발자국으로 움푹 들어가고 볼록 솟은 부분에 자갈이 밀려들어간다.

완만하게 경사진 표면을 좋아하는 파도는 새로이 형성된 지형을 공격한다. 바닷물이 순식간에 살짝 솟아 있던 자갈 더미까지 밀려오고 자갈 더미는 내가 서 있던 곳까지 밀려와 무너진다. 내가 무심코 만든 지형에 파도가 계속 부딪히면서 해안은 천천히 원래 형태를 회복하고 어느 정도 균형 상태로 돌아간다. 이제 인간이 침입했다는 흔적은 거의 찾아볼 수 없다.

너무 추워서 서 있기조차 힘들지만 그 장소에 대한 어떠한 느낌이 나를 붙잡고 있다. 나는 파카 깃을 세우고 아래를 힐긋 내려다본다.

해안가를 따라 펼쳐진 암석은 우리가 살펴본 노두에서 풍화된 편마암과 편암의 파편이다. 침식되고 마모되어 평평하고 부드러우며 길쭉한 형태가 된 암석들, 이들의 유일한 특징은 짙은 회색에 식별이 불가능할 정도로 평범하다는 점이다.

자갈은 피오르 너머 조간대까지 뻗어 있다. 이곳의 물은 수정처럼 맑아, 빛이 사라지고 암석 분별이 어려워지는 깊이까지 들여다보인다. 자갈이 사라지는 경계는 뚜렷하지 않다. 점차 어둠이 깊어질 뿐이다.

나는 작고 평평한 타원형의 회색 자갈 하나를 지켜본다. 다른 자갈들 사이에서 살짝 뒤집혀진 채 누워 있는 이 자갈의 얇은 가장자리는 다른 자갈들 위로 툭 튀어나와 있다. 작은 파도가 해안가에 부서지고 이리저리 돌면서 이 자갈을 흠뻑 적신다. 파

도가 한참 그렇게 놀다가 작게 쉿 소리를 내며 피오르로 돌아가
자, 이 작은 자갈은 거품과 난류가 뒤섞인 짧은 혼돈 속에 뒤집
힌다. 한 번의 파도와 자갈 하나, 그것들이 만들어낸 메트로놈
이 한 번 더 딸깍한다.

 그슬린 머리카락 냄새의 암석을 발견한 날, 우리는 무언가를
보았는데 당시에 나는 그것을 대수롭지 않게 여겼다. 굴러 떨어
진 자갈을 보고 있자니 그날의 기억이 떠올랐다.
 늦은 오후 암석을 주워서 야영지로 돌아가던 중 해안가에서
선명한 빛이 우리의 시선을 잡아끌었다. 몇백 미터 너머, 만조
선 위로 2미터 지점에 기이한 빛이 솟아 있었다.
 존이 보트를 돌려 천천히 왔던 길로 돌아가는 동안 우리는 번
쩍이는 빛을 다시 한번 찾아보았다. 빛이 또 한 번 번쩍이자 우
리는 그 지점을 찾아갔다. 해안가는 보이지 않았고 피오르 경계
에 자리한 10미터 높이의 가파른 암벽에서 굴러떨어진 거대하
고 각진 바위만 있었다. 해안을 따라 천천히 서쪽으로 이동하면
서 존은 선외기를 껐고 결국 모래톱을 찾아 그 위에 정박했다.
 존은 조디악을 해안가로 끌고오면서 밀물이 들어오고 있으니
서둘러야 한다고 말했다.
 우리는 망치를 들고 배에서 뛰어내리면서 바위에 보트를 최

대한 단단히 묶어두었다. 노두는 우리가 재빨리 살펴보려던 돌무더기 너머로 멀찌감치 떨어져 있었다. 조심조심 걷는 동안 우리는 조디악이 떠내려가지 않는지 계속해서 뒤돌아보았다.

노두는 칙칙하고 어두운 황록색이었다. 유리 표면처럼 연마된, 완벽하게 평편한 서류 봉투 크기 정도의 표면에서 빛이 반사되었다. 머리를 이리저리 움직이며 시선을 바꿔보자 이 빛은 한줄기 태양빛이 아니라 잔물결을 이루는 평행한 몇 개의 띠로 이루어져 있었다. 그것은 하나의 거대한 결정으로, '쌍정'이라 부르는 약간 다른 결정 구조를 가진 띠 모양의 벽개면이 반사면임을 알 수 있었다. 이 결정을 둘러싸고 있는 것은 두께가 2.5센티미터가 되지 않는 흰색 테두리였다. 조금 더 자세히 들여다보니 이처럼 거대한 결정체가 수백 개나 되었다. 가장자리는 전부 흰색 테두리로 둘러 있었으며 벽돌처럼 차곡차곡 쌓여 있었다. 깜짝 놀라고 흥분되기도 한 우리는 그것이 거대한 사방휘석 결정의 집합체라는 사실을 깨달았다. 이미 오래전에 그 존재가 추정되었으나 한 번도 발견된 적이 없는 물질이었다.

대륙이 처음 형성될 때 맨틀에서 올라오는 다양한 마그마로부터 진화한다. 일부 마그마는 지각을 관통하여 성장하고 있던 대륙 표면 위로 용암의 형태로 분출할 수 있다. 그러나 아래로부터 올라와 대륙의 바닥을 만나게 되는 어떤 마그마들은 너무 점성이 높거나 무거워서 지각을 뚫지 못한다. 대륙의 바닥에 머물게 되면서 대륙의 성장에 관여하게 된다고 여겨지는 특별한 종류의 마그마의 암석으로 회장암이라 불리는 것이 있다. 성장하는 대륙의 바닥에 머문 채 마그마는 수천 년 또는 수백만년 동안 천천히 냉각한다. 이 점진적인 냉각과정 속에서 마그마가 서서히 굳어지면서 결정들이 만들어진다. 새로이 형성된 결정들은 점점 커지고 마그마의 방 아래로 가라앉아 쌓이게 된다. 거대한 사방휘석의 집적암cumulate은 이런 과정으로 형성된다. 커다란 사방휘석의 결정들은 세계적으로 회장암에서 발견되어왔지만, 냉각하는 마그마의 방 바닥에서 형성된 사방휘석의 집적암은 알려지지 않았었다. 그런데 이제 그런 사례가 발견된 셈이다. 가느다란 흰색 테두리는 커다란 사방휘석이 쌓이면서 사이사이에 갇혀 있던 회장암 용액이 만든 것이다.

우리는 그 형태를 파악하기 위해 이 집적암을 따라갔다. 하지만 몇 미터 걸어갔더니 이 집적암은 너비가 몇 미터 되는 전단암석 띠와 만나면서 끝나고 말았다. 다른 방향으로 가도 마찬가지였다. 전단된 암석을 자세히 살펴보니 커다란 결정의 잔해에 불과했다. 처음에 형성되었을 때만 해도 수 킬로미터에 걸쳐 뻗어 있었을 거대한 사방휘석은 마모되어 대각선 길이가 수십 미터밖에 되지 않는 작은 마름모 모양으로 줄어들어 있었다. 우리는 재빨리 측정을 하고 샘플을 몇 개 채취한 뒤 조디악으로 서둘러 돌아갔다. 밀물이 보트를 들어올리고 있었고 밧줄이 얼마 못 버틸 것 같았다.

우리는 그 후 두 번 더 그곳에 가보았다. 그 작은 노두가 의미하는 바를 확실히 밝혀줄, 많은 샘플을 채취하기 위해서였다. 결국 실험실에서 수많은 연구를 거듭한 끝에 우리는 이 거대한 결정이 28억 년 전, 성장하던 고대 대륙의 바닥에 있던 지하 약 30킬로미터보다 깊은 마그마의 방에서 형성되었다는 사실을 알아낼 수 있었다. 결정들이 가라앉은 마그마는 우리가 연구 중인 대륙 충돌을 통해 재순환되고 변형된 결과, 새로운 육지의 일원으로 탈바꿈했다.

운동량의 단순한 전달, 원자의 떨림에 대한 약간의 열손실, 서로 다른 지각판이 스쳐지나가는 역학 등 수학 방정식의 물리적 현실은 조석 속에 흐트러진 자갈과 전단된 축적물의 작은 은빛으로 발현되어 있었다. 자연이 써내려간 단순한 진술들 속에 담긴 풍요로움이 나를 경외감으로 채웠다.

실험실로 돌아가면 우리는 수집한 자료와 관찰 결과를 반영한 방정식을 이용해 우리가 살펴본 사항들을 기술할 것이다. 이 과정을 통해 암석에 담긴 미묘한 역사와 구체적인 사실을 객관적으로 전달할 수 있을 것이다.

하지만 우리가 전달할 정량화된 현실은 분석적인 결과에 그치지 않는다. 우리는 질량분석계로 측정한 자료를 방정식에 대입해 우리가 수집한 샘플의 나이를 계산할 것이다. 100년 전 원자 물리학에서 파생한 이 방정식은 타임머신이 되어 우리에게 지구 표면이 진화한 속도를 들여다볼 수 있는 문을 열어줄 것이다. 또 다른 수학 공식을 이용해 광물의 화학 성분을 산출할 수도 있다. 이 공식은 우리에게 수십억 년 전 해양과 대기의 화학 성분을 살펴볼 수 있는 통찰력을 제공하고, 노두에서 인간의 정신으로 이어지는 길을 들여다볼 수 있게 할 것이다.

이 공식은 우주가 백 자릿수의 에너지를 품은 빛에 흠뻑 젖어 있다는 사실을 보여주기도 한다. 하지만 동물의 시야는 이 스펙트럼의 극미한 부분만을 흡수하고 이에 반응하는 유기 분자의 능력에 의해 제한을 받는다. 결국 우리 눈에 보이는 것은 세상에 존재하는 윤곽의 희미한 형체에도 미치지 못한다.

칸게르루수아크Kangerlussuaq를 떠날 때의 나는 예전의 나와는 달랐다. 그곳에서 지내는 동안 내가 불변한다고 확신했던 것들—이 세상의 모습, 현실과 지식을 구성하는 것—에 대한 생각이 바뀌었다.

많은 것이 혼재되어 있는 '문화'라는 것에서 벗어나면, 넘쳐나는 견해와 정보를 판단하고 이에 맞춰 행동하고 반응해야 하는 끝도 없는 난제로부터 자유로워진다. 거친 야생에서는 판단은 없고 존재하는 행위만 있기에 무언가의 옳고 그름을 판단하는 노력을 기울여야 할 필요가 없다.

존과 카이와 얘기를 나누기 위해 부엌 텐트로 가는 동안 나는 다시 한번 이 장소가 지닌 덧없음에 매혹되었다. 야영지에서 얼마 떨어져 있지 않은 피오르의 경계에 자리한 작은 절벽에서는 침식이 한창 진행되고 있었다. 이제 사라진 풍경을 기억하는 유일한 잔재는 절벽 기단에 쌓여 있는 작은 바위 무더기뿐이었다. 우리가 야영지를 마련한 장소는 잘 닦인 길이 되어 있었다. 피오르의 맞은편에 있는 작은 빙상은 우리가 그곳에서 지낸 몇 주 사이에 눈에 띌 정도로 형태가 바뀌면서 줄어들어 있었다. 그건 앞으로도 마찬가지일 것이다. 우리가 그 야생에 존재했다는 증거는 몇 달 후면 사라질 것이다. 작은 파도가 우리의 발자국을 지웠듯이.

깊고 풍부한 경험을
선사하는 별개의 세상

_빙하

아르페르시오르피크 피오르는 데이비스해협에서 빙하 전선을 향해 흐르는데, 그 사이의 거리는 150킬로미터에 이른다. 아르페르시오르피크는 '고래가 있는 곳' 혹은 그와 유사한 의미를 지닌다. 상대가 누구냐에 따라 달라진다. 우리를 그곳에 데려간 그린란드 주민은 겨울이면 피오르 입구에서 빙하가 사라지면서 고래가 숨 쉴 수 있는 곳이 되기 때문에 그러한 이름이 붙었다고 했다.

피오르의 동쪽 끝까지 가는 길은 험난하다. 피오르에서 나오는 빙하 때문에 뱃길이 막힐 수 있기 때문이다. 하지만 올해는 기온이 따뜻하고 여름이 일찍 왔다. 오랫동안 피오르의 동쪽 끝을 탐사하고 싶었던 우리는 이번에는 그곳에 꼭 가보기로 했다. 몇 년 전 지질학자들은 신속한 개괄조사로 지도를 그렸다. 구체적인 정보를 얻을 수는 없었지만, 그 지도로부터 그곳의 오래된 화산 산지에 대한 첫 번째 증거인 마그마의 방 잔해를 발견할지도 모를 일이다. 우리는 그곳에 가야만 한다.

지도를 그리고 샘플을 채취하는 등 긴 하루가 될 게 분명했기 때문에 이른 아침을 먹고 서둘러 보트에 올라탄다. 햇살이 따갑고 고요한 아침, 수면은 리드미컬하게 움직이는 얕은 너울에 맞춰 부드럽게 출렁인다.

해안가를 따라 배를 몰면서 우리는 꼼꼼히 관찰하고 기록을 남기기 위해 여러 번 정박한다. 자료의 공백을 메우기 위해 혹은 두 지점 사이에 무슨 일이 일어났는지 알아보기 위해 한참 전에 계획한 지점도 있지만 그 자리에서 즉흥적으로 살펴보기로 한 곳도 많다. 노두의 색상이나 패턴의 예상치 못한 기이한 배열이 우리의 시선을 잡아끌기 때문이다. 늘 그렇듯 새로운 지점을 살펴볼 때마다 또 다른 새로운 사실이 드러나고, 그것은 지질학적인 이야기에 살을 덧붙여줄 작은 통찰력을 제공한다.

우리는 주요한 충상단층이 해안가의 경계까지 이어진 곳을 발견한다. 수백 년 동안 갈리고 미끄러지면서 수천 번의 큰 지진을 경험했을 방대한 지역이다. 또 다른 곳에서는 한때 녹았던 암석의 희고 두꺼운 렌즈에 푸른 전기석이 반짝이고 있는데, 전기석은 판들이 충돌할 때 만들어진 결정 속에 옛날 바닷물 기원

의 붕소와 여러 원소들이 포함되었음을 증명하는 것이다. 우리
는 자부심 가득한 마음으로 우리의 보물을 한껏 즐긴다. 새로
운 증거는 이 지역에 오랫동안 진행된 강렬한 변형이 있었다는
가설을 뒷받침해준다.

　우리가 소소한 발견의 기쁨을 마음껏 누리며 이 고요 속을 항
해하는 동안 완만한 구릉지와 아담한 절벽이 환상처럼 다가온
다. 목가적인 해안지대를 미끄러지듯 지나가는 듯한 착각에 빠
진다. 모퉁이만 돌면 흰색 박공지붕이 있는 작은 여인숙이 나타
날 것만 같다. 아주 작은 자갈이나 풀잎조차 마법에 걸려 있다
는 착각 속에 그곳을 지나간다.

　한 지점을 돌아 피오르를 내려다보는 순간 우리가 탐사 중이
라는 피할 수 없는 현실에 다시 부딪힌다. 우리 앞의 얼마 되지
않는 지점에 수백 미터 높이의 몹시 가파른 절벽이 있었는데,
그 표면이 황백색과 분홍색의 음영 속에서 활활 타고 있다. 우
리가 본 것과 놀라울 정도로 선명한 대조를 이룬다. 절벽의 꼭
대기에는 짙은 회색의 모암이 놓여 있다. 이제는 익숙해진 이
지역 고유의 암석이다. 하지만 회색 모암을 에워싸고 있는 다른
부분은 각진 형태의 가닥이나 두꺼운 암맥이 서로 짜깁기하고
있는, 한층 밝은 암석이다. 몇백 미터 길이에 몇십 미터 폭을 지
닌 짙은 회색 암석들이 희끄무레한 분홍색 벽에 갇혀 있다. 포

획암의 전형적인 모습이다. 우리는 거대한 화강암의 침식된 상부, 거대한 마그마 방의 상층부를 우연히 발견한 것이다. 이처럼 전면으로 노출된 모습이 관찰되는 경우는 드물다.

우리 셋 다 이상적인 모식도를 본 적이 있다. 마그마가 위쪽으로 이동하면서 천장 부분을 파쇄하며(스토우핑) 만들어지는 공간을 채워나가는데, 그곳 모암의 깨진 암석들이 마그마 속으로 내려앉거나 마그마 방의 바닥으로 가라앉는 것을 그린 그림이다. 하지만 이 암석의 경우 그 규모가 어마어마하다. 우리 중 누구도 이러한 모습을 실제로 본 적이 없다.

존이 속도를 내고 잠시 후 우리는 암석의 서쪽 경계 부분에 조디악을 댄다. 화강암과 그 속에 포획되어 있는 다양한 외형의 모암 암석은 상당히 아름다운 패턴을 이루고 있다. 분홍색의 관입한 화강암은 작고 완벽한 분홍색 석류석으로 가득하다. 포획된 암석은 진한 검은색 테두리로 둘러싸여 있다. 밝은 황갈색과 검은색 운모가 화강암 안에서 반짝이고, 흰색과 검은색 광물로 이루어진 세맥이 전체를 가로지른다.

대륙의 충돌이 있은 직후 지각을 뚫고 천천히 융기한 마그마 방의 상층부가 우리 발아래 놓여 있었다. 한때 암석은 지구 깊숙이 밀려들어간 뒤 녹는점 이상으로 가열되었고 그 과정에서 마그마가 생성되었다. 그렇게 생성된 마그마는 하나의 덩어리를 이루었고 모암을 뚫고 천천히 상승하는 가운데 열기를 잃고 서서히 식어가다가 결국 굳게 되었다. 거의 20억 년 동안 융기와 침식을 반복한 끝에 태양에 노출되면서 이제 우리의 발이 디딜 단단한 암석이 된 것이다.

점심때가 다가오자 우리는 실제 빙하 전선을 탐사할 수 있는 장소를 찾을 수 있기를 바라며 샘플을 챙겨서 동쪽으로 향한다. 하지만 거대한 빙벽에서 1킬로미터가량 떨어진 지점에 다다르자 불투명한 피오르 물에는 토사가 한가득이다. 이러한 물에서는 몇 센티미터 아래 물에 포화된 진흙 모래톱이 숨어 있을 수 있다. 그러한 물을 가로질러 갈 경우 조디악은 피오르 한가운데 좌초될 수 있고 오도 가도 못하게 될 수 있다. 그러한 사태를 방지하기 위해 존은 북쪽 해안가로 재빨리 방향을 틀어서 우리를 그곳에 내려준다.

우리는 풀이 무성한 작은 능선을 찾아 그곳에 자리를 잡고 앉아 점심을 먹으며 빙하를 바라본다. 멀리서 바라봐도 경치가 장관이다. 부서진 빙하 덩어리로 이루어진 부벽이 빙하 표면의 아래에 놓여 있다. 빙하의 붕락과 사태가 오래 이어졌음을 보여주는 증거다. 이 무질서한 혼돈 속에서 작은 빙하 덩어리가 만조에 실려 떠내려간다. 우리 앞의 물은 해류를 따라 느긋하게 흘러가는 다양한 형태의 조각들로 채워진다. 사방이 갈매기 천지다. 갈매기는 얼음처럼 차가운 물 위를 통통 튕기듯 지나간다. 때때로 그중 한 마리가 날아올라 빙하 덩어리 위에 내려앉은 채 유유히 우리 곁을 지나 피오르로 향하기도 한다. 갈매기는 자신을 실어 날라준 빙하를 떠나 다시 날아오른다. 수많은 갈매기가 이 행동을 반복한다. 먹이를 달라고 우리를 유인하는 행위인지 그저 즐거워서 하는 행동인지 알 수 없다.

　나는 빙산을 오르는 기분이 늘 궁금했다. 표면은 어떠할지, 부력은 얼마나 될지, 감촉은 어떤지 알고 싶었다. 카이와 존에게 말하고 어떻게 할지 논의한다. 결국 떠다니는 빙하 위에 나를 내려주기로 합의를 본다.

　우리는 점심을 마치고 자리에서 일어난다.

　배를 출발시키기 전, 존이 배낭에서 카메라를 꺼낸다. 나에게 카메라를 건네면서 살짝 수줍은 목소리로 빙하 앞에서 사진을 찍어달라고 한다. 그는 우리가 서 있는 작은 암석의 끝으로 간다. 배경에서 그린란드 빙상의 거대한 전선이 정오의 태양을 받아 흰색으로 밝게 빛난다. 존은 고개를 살짝 뒤로 젖힌 채 늠름한 자세로 선다. 주머니에 손을 찔러넣은 뒤 빙하를 향해 살짝 몸을 돌린 다음 말한다. "지금이야."

　우리는 돌아가면서 포즈를 취한다.

이제 우리는 보트에 올라타 피오르에 떠 있는 빙하 덩어리로 향한다. 길이 3미터에 폭 1.5미터 정도 되는 빙하다. 물가에는 작은 빙산이 녹아 가리비 모양의 절개 부위가 생겼다. 그 위로는 납작한 바위가 빙하를 감싸고, 빙하는 섬세하게 조각된 빙산, 빙하 고드름, 작은 언덕과 만난다. 빙하 표면은 의도적으로 깎은 조각 정원 같다. 천천히 보이지 않게 녹고 있는 추상적인 형태로 이루어진 정원.

나는 그 위에 올라갈 수 있을지 살펴보기 위해 존에게 빙하 옆으로 가달라고 한다. 그가 조디악을 조심스럽게 빙하 옆으로 몬다.

빙하의 표면은 작은 얼음 결정체들의 그물망으로 덮인 채 태양 아래 눈부시게 빛나고 있다. 나는 조디악의 옆 부분에 조심스럽게 앉은 뒤 작은 빙산에 발을 디딘다. 내 발아래로 결정체가 산산이 부서지고 그 즉시 빙산은 굴러 보트에 부딪힌다. 물 속에서의 빙산이 어떠한 모습인지 모르는 데다, 빙산이 구르면서 우리의 배를 기우뚱하게 만들지도 모르므로 우리는 재빨리 뒤로 물러나 빙산이 떠다니게 둔다.

우리는 피오르의 남쪽에서 남은 하루를 보낸 뒤 야영지로 향한다. 잔잔한 바람이 우리가 가는 방향과는 반대 방향에서 불어와 우리는 일렁이는 파도를 넘어 천천히 돌아간다.

　얼음은 영속성이 없지만, 눈에서 빙판으로 또는 거대한 빙벽으로의 변형은 단순히 형태를 갈아입는 행위가 아니다. 빙하는 빛을 변화시키고 자신의 목소리를 이용해 소리를 만들어내며 접촉에 반응한다. 빙하는 깊고 풍부한 경험을 선사하는 별개의 세상이다. 나는 이 사실을 몇 년 전 다른 곳에서 알게 되었다. 물의 경계에서 훨씬 멀리 떨어진 곳, 빙상이 땅과 만나면서 끝나는 지점, 피오르에서 수 킬로미터 떨어진 곳에서. 그곳에서는 빙하와 암석을 구분하는 것이 어느 정도 임의적이었는데, 그것을 경험하는 것은 일종의 계시였다.

　칸게르루수아크에서 동쪽으로 수 킬로미터 떨어진 곳이었다. 나는 다른 연구자들과 함께 바람 부는 희미한 흙길을 따라 오래된 군용 트럭을 타고 그곳에 갔다. 우리는 작은 언덕으로 차를 몰았다. 그 언덕에서 몇 분만 걸으면 빙상의 경계까지 갈 수 있었다. 우리 앞으로 10미터가량에는 툰드라 생물군계가 땅을 뒤덮고 있었는데, 갑자기 어느 지점부터는 툰드라가 사라지고 몇 년 전 빙하가 전진하면서 그 위에 놓인 흙과 식물을 긁은 뒤 다시 후퇴한 지점이 나타났다. 그곳에는 반짝이는 암석 표면이 그대로 드러나 있었는데, 암석은 수천 년 동안 빙하에 의해 계속해서 갈리고 연마된 상태였다.

　우리는 빙원의 남쪽 끝에 있었다. 오른쪽으로 빙하는 바위와

먼지로 된 15미터 높이의 빙퇴석에 접해 있었다. 이 빙퇴석은
빙하 전선을 따라 수 킬로미터 이어져 있었다. 한때 빙하가 땅
위로 이동하면서 이 빙퇴석은 밀어올라왔다. 기후가 바뀌고 공
기가 따뜻해지면서 얼음이 녹아 빙퇴석의 가장자리와 경계를
이루었다.

　우리 바로 앞에는 거대한 원형극장amphitheater이 있었다. 빙하
표면에서 떨어진 무질서한 얼음 덩어리가 만들어낸 것이다. 이
지형은 왼쪽 수백 미터 너머로 또 다른 거대한 벽과 만날 때까
지 이어졌고, 그곳에는 거대한 얼음 동굴이 있었다. 동굴은 두
께가 수백 미터 되는 빙하를 향해 다시 뻗어 있었다. 이 얼음 동
굴이 얼마나 멀리까지 뻗어 있는지는 정확히 알 수 없었다. 안
쪽 깊숙한 곳은 짙은 그늘에 잠겨 어두컴컴한 상태였기 때문이
다. 적어도 500미터는 되어 보였다. 동굴 안에는 높이가 최소
10미터에 달하는 폭포가 있었다. 이 폭포에서 내려오는 물은 빙
하 덩어리 위로 흘러내리는 강이었다. 동굴에서 쏟아져나오는
강은 우리 앞에 놓인 빙벽의 아래로 흘렀다. 이 폭포는 암석과
빙하 사이의 유동적인 경계였다.

　빙하 전선에서는 낮게 우르릉거리는 소리, 탁 부러지는 소리,
뻥 하고 터지는 소리, 반복적인 쾅 소리가 들려왔다. 어디에서
나는 소리인지 궁금해 빙벽 가까이 다가갔다. 나는 이곳이 순백

의 조용한 세상일 거라고 상상했다. 하지만 벽 자체는 온갖 불
협화음으로 가득했다. 이 불협화음은 담청색 빙하와 온갖 음영
의 흰색을 가로지르는 갈색 리본의 복잡한 패턴을 두드리며 요
란한 소리를 내고 있었다.

　수천 년 전 하늘에서 내려온 빗물이었던 빙벽은 동쪽으로 몇
백 킬로미터 이어져 있었다. 이 빙벽은 깊숙이 묻힌 상태에서
압축을 받은 뒤 재결정화 과정을 거쳤고, 빙상의 거의 바닥까지
가라앉은 다음 기반암에서 암석의 파편을 떼어내 이들을 고운
가루로 분쇄했을 것이다. 그 후 1년에 몇 센티미터의 속도로 아
주 천천히 융기해 이제 내 앞에 놓인 절벽에 노출되어 있는 것
이었다.

　태양빛이 또다시 물 분자 위에 밝게 빛났다. 이제 이 물은 곧
강으로 바다로 자유롭게 흘러들어간 뒤 이 같은 주기를 반복할
것이다. 쾅 하는 소리, 탁 하고 부러지는 소리, 뻥 하고 터지는
소리는 빙하가 땅을 긁고 지나가면서 내는 소리였다. 빙하는 크
레바스와 길게 갈라진 틈으로 부서지면서 다시 흘러내릴 준비
를 하고 있었다.

　잠시 후 우리는 원형극장을 따라 걷기 시작했다. 미로 같은 얼
음 덩어리는 그 사이를 지나가는 게 불가능할 정도로 뒤죽박죽
혼돈 그 자체였다. 어떠한 덩어리는 주먹만 했고 또 다른 덩어

리는 집채만 했는데 모두가 날카롭게 각이 져 있었고 터무니없
는 배열로 위태롭게 놓여 있었다. 나는 함께 간 연구진 중 한 명
을 향해 몸을 돌려 빙하의 붕락을 보고 싶다고 말했다. 바로 그
때 원형극장의 뒤편에서 빙하를 따라 쩍 갈라지는 소리가 떠나
갈 듯 울려 퍼졌다.

그리고 거의 알아차리지 못할 정도로 천천히 빙벽의 거대한
조각이 움직이기 시작했다. 처음에는 단순히 표면이 살짝 움직
이는 것처럼 보였다. 자유롭게 도약하는 작은 조각 몇 개가 벽
에서 뛰어내리는 것 같았다. 놀라거나 위협을 느낄 때 그런 것
처럼 시간이 느리게 흘러가는 것처럼 느껴졌다.

꽤 시간이 지난 듯 느껴졌을 때 원형극장 표면 전체가 갈라지
고 조각나면서 허물어지기 시작했다. 표면은 가속도를 받아 급
속도로 흘러내렸다. 굉음을 동반한 어마어마한 폭발과 함께 허
물어진 빙하는 기단에 뒤죽박죽 놓여 있던 얼음 덩어리와 충돌
했다. 빙하가 사방으로 튀었다. 일부는 이전 충돌의 잔해 더미
에 부딪혀 튕겨졌고 일부는 다른 빙하 조각을 박살내기도 했으
며 또 일부는 빙하 전선에 맞고 튀어오르기도 했다. 야구공만
한 조각 몇 개는 우리를 향해 날아와 강에 떨어졌고 우리 주위
에 있던 매끈한 기반암 위에 부딪혀 산산조각이 났다. 그러다가
순식간에 드라마가 끝나고 그에 수반된 굉음도 사라졌다. 초저

녁 산들바람을 타고온 안개처럼 표류하던 빙하 부스러기는 공기 중으로 사라졌고 살짝 바뀐 풍경은 원래의 고요함으로 돌아갔다.

빙하 조각들은 반짝이는 보석처럼 사방에 흩뿌려져 있었다. 나는 빙하 조각이 모여 있는 쪽으로 걸어가 하나를 집어들었다. 탁구공 크기만 한 이 얼음물 결정체는 부드러운 곡면으로 불규칙하게 감싸인 아름다운 보석이었다. 맑디맑은 보석 안에는 미세한 물방울의 고운 결이 흐르고 있었다. 아주 얇은 수막이 부드럽고 불규칙한 면을 덮고 있었다. 그 모습에 경탄한 나는 투명한 덩어리를 빙벽에 갖다댄 채 렌즈처럼 그 안을 들여다보았다.

빙하 조각을 손바닥에 올려놓고 여러 각도에서 바라보았다. 매끄러운 액체 표면이 맛을 보라고 나를 유혹했고 나는 이끌리듯 얼음 조각을 입에 갖다대었다.

처음에는 차가운 감각이 찾아왔다. 그 맛은 빙하의 투명성이 내포하는 것과 정확히 일치했다. 깨끗하고 부드럽고 상쾌한 맛이었다. 그와 함께 차분한 감각도 따라왔다. 그다음에는 놀랍게도 냄새가 찾아왔다. 나는 숨을 들이쉰 뒤 너른 하늘, 깨끗한 공기, 땅의 감각에 취했다. 얼음 조각을 뱉고 또 다른 조각을 집어들어 코로 가져가 냄새를 맡아보았다. 나는 무언가 미묘하지만 지속적인 것, 근본적인 것을 경험하고 있었다. 진수 그 자체를. 자갈 깔린 강의 경계를 따라 놓인 부싯돌과 암석, 희미한 곰팡내가 떠올랐다. 오래전 물기와 돌이 많은 장소에 갔던 경험에 깊이 뿌리 박혀 있는 감각, 그것을 상기시키는 냄새였다. 나는 그 인상을 포착하기 위해 계속해서 숨을 들이쉬었지만 그 감각은 생겨나기가 무섭게 사라지고 말았다.

후각은 우리 뇌에 깊숙이 자리하고 있다. 후각 기관은 후신경구에 메시지를 전한다. 그곳에서 정보가 전송되고 이 정보는 우리의 인지적, 무의식적 경험의 일부가 된다. 인간이라는 종에 국한되기는 하지만 대부분의 동물 역시 이와 비슷한 회로망을 지닌다. 후각의 회로망은 진화가 초기부터 완벽하게 만들어놓은 것처럼 보이며, 수억 년 동안 생명체에게 지침이 되어왔다. 학습된 교훈도 진화론적 가르침에 포함될 수 있을까? 특정한 냄새에는 좋든 나쁘든 행동에 영향을 미칠 특정한 가능성이 담겨 있다는 교훈 말이다. 이 같은 감각이 선택되어 생존을 위해 후세대에 전달되었을 가능성이 있을까? 빙하의 냄새와 그것의 함의도 그 같은 교훈 중 하나가 될 수 있을까? 이 냄새에는 무언가를 알리는 특정한 지식이 담겨 있을 것이다. 빙하가 붕락할 위험, 털북숭이매머드와 식량을 만날 가능성, 물고기와 열매를 얻을 수 있는 기회, 축축한 땅과 모기의 성가심 등을 말해주었을 것이다.

나는 석기 시대의 빙벽을 상상했다. 빙하기 사냥꾼은 오래전 이곳에서 식량을 구하기 위해 동물의 움직임을 추적했을 것이다. 그는 다른 사람들과 함께 내가 서 있는 곳과 비슷한 곳을 걸으며 빙하와 땅을 읽고 위험을 감지하며 툰드라 지대의 카리부와 매머드, 사향소와 여우가 어디에 있는지 감각했을 것이다. 그들은 밤을 보내기 적절한 장소, 바람과 비, 추위로부터 몸을 보호할 수 있는 장소를 찾았을 것이다. 그들이 이 같은 불편함을 얼마나 견딜 수 있었을지는 나도 모른다. 그들은 이동 중에 식물을 채집하고 적당한 암석을 수집했을 것이며 잊힌 지 오래인 언어로 대화를 나누었을 것이다.

당시는 순수한 자연 그대로의 시대였다. 인간의 개입 없이 야생의 생명체가 마음껏 활보할 수 있었던, 시간은 중요하지 않던 시대였다.

풍경, 물, 하늘을 바라보는
저마다의 방식

_바다표범

과학의 목적은 발굴이다. 연구를 통해 얻게 된 통찰력으로 우리가 상상한 것보다 훨씬 풍부한 역사의 예기치 못한 층을 밝힐 수 있다.

세 번째 탐사를 통해 전단대가 상처 자국이라는 사실이 명백해졌다. 충돌지대의 북쪽 경계를 따라 길게 파인 흔적은 조산운동의 마지막 피날레가 남긴 상처였다. 이 같은 추론은 초기 연구진의 주장과 일치했다. 이곳은 거대한 움직임이 있던 지대였다. 카이와 존의 연구는 옳았고 그 후 지질도와 간행물에서 사용된 직선대라는 용어는 그들이 과거 몇 년 동안 사용했던 용어인 전단대로 다시 교체되었다.

하지만 소규모의 흩어진 지역에서 산출되는 일부 암석의 광물 구성과 결정들의 기록은 대륙 충돌이 일어나기 전에 이 암석

들이 최소 150킬로미터보다 깊은 곳에 위치했다는 증거가 된
다. 그동안 완전히 간과된 부분으로 불확실성은 형태를 바꾸었
지만 그 중요성은 바뀌지 않았다. 이제 새로운 질문들을 해결해
야 했다.

그중 하나는 아주 깊숙이 묻힌 암석이 지닌 의미였다. 초고압
변성작용을 겪은 곳은 전 세계에서 극히 일부다. 초고압 변성작
용은 1제곱인치당 압력이 30킬로바가 넘는 상태에서 겪는 변성
으로, 깊이가 100킬로미터가 넘는 곳에서만 가능하다. 다른 지
역의 증거는 옛날 섭입대*에서 확인된다. 섭입대는 대륙들이
충돌했던 지역이며, 우리의 그린란드 연구 지역에서 제안했던
가능성과 부합한다. 그러나 어떤 다른 지역도 9억 년보다 오래
된 곳은 없다.

왜 이 지역들이 지구의 45억 년 나이에 비해 그렇게 젊은지에
대한 다양한 설명이 있다. 어떤 사람들은 그런 높은 압력에서
형성되는 광물은 지구 표면에서는 본질적으로 불안정하여, 낮
은 압력에서 안정적인 다른 광물로 서서히 바뀌어버렸다고 생
각했다. 그런 이유로 약 9억 년이 그런 불안정한 광물이 유지될
수 있는 최대의 시간이라 결론내렸다.

---

* 하나의 판이 다른 판 아래로 침강하는 장소

한편 다른 설명으로는 해저확장설이나 섭입대와 관련된 오늘날의 판구조론이 그때까지는 완전하게 작동하지 않았다는 것이다. 즉 더 이른 시기의 판구조론은 수렴대가 얕고 섭입이 깊지 않은 것 같은, 아직은 잘 알 수 없는 어떤 메커니즘이었을 것으로 추정했다. 어떠한 설명이든 우리는 초고압을 겪은 암석의 훨씬 많은 나이를 설명해야 하는 난제에 부딪혔다. 우리가 채취한 샘플은 다른 암석보다 확실히 두 배나 오래되었기에, 이 암석은 비정상적인 보존 메커니즘의 산물이거나 다른 환경에서 아직 발견되지 않은 훨씬 오래된 판구조론의 드문 증거라 할 수 있었다. 우리가 살펴보던 암석의 독특한 특징을 고려할 때 위의 두 가지 생각을 바탕으로 이 질문에 대한 답을 알아낼 수 있을 것으로 보였다.

또 다른 수수께끼도 드러났다. 수많은 연구자가 수집하고 연구한 수백 개의 샘플 가운데 우리는 초고압 상태를 입증하는 증거가 담긴 두 개의 샘플을 발견했다. 과거에 이 증거를 살펴보지 못한 이유 중 하나는 그러한 상태를 보여주는 광물의 특징과 구성 성분이 최근 들어서야 파악되었기 때문이다. 하지만 우리가 수백 개의 샘플 중 겨우 두 개에서만 그러한 상태를 입증하는 증거를 발견했다는 사실은 또 다른 질문을 낳았다. 이는 그러한 극단적인 상태를 입증하는 증거가 후기 전단작용 같은 사건에 의해 거의 소실되었다는 의미일까? 그들의 역사를 온전히 간직한 소수의 암석만을 남겨놓은 채 말이다. 아니면 이 지역 전체가, 완전히 다른 지역과 역사에서 온 암석이 지체구조적으로 뒤섞여 혼란한 상태임을 보여주는 증거일까?

우리의 네 번째 탐사는 이 새로운 질문들에 대한 답을 밝히기 위한 여정이다. 우리는 몇 주 동안 한곳에 정착하지 않고 이곳 저곳 돌아다니며 야영을 치기로 했다. 수천 제곱킬로미터 내에 산재한 주요 지역을 살펴보기 위해서였다. 우리는 아시아트 거 주민이자 유람용 모터보트 주인인 카르스텐과 계약을 맺었다. 그는 이동이 필요할 때 우리를 데려다주고 그 사이사이에 우리 의 야영지에서 자신의 보트를 돌봤다.

우리가 찾아가기로 한 곳 중 한 군데는 존이 몇 년 전 살펴본 곳으로 10킬로미터 이상을 횡단해야 했다. 우리는 지질학적으 로 아주 오래된 편마암과 구조적으로 혼합되어 있는 대리암의 노출 부위를 따라 걸을 예정이었다. 존은 박사 학위 과정을 밟 는 동안 이 지역의 지도를 그렸었다. 충돌하는 대륙을 아우르는 판구조론 모델이 완전히 받아들여지기 전이었다. 당시의 지배 적인 모델은 '지향사 이론geosynclinal theory'이었다. 폭이 수백 킬로 미터에 길이가 수천 킬로미터에 달하는 거대한 분지가 전 세계

에 산재한다는 이론이었다. 이 분지는 지체구조판처럼 지구의
표면을 따라 이동하지는 않지만 천천히 침하하면서 점점 더 깊
이 가라앉는다고 여겨졌다. 그리고 그 과정에서 퇴적물로 가득
해졌는데 결국 알 수 없는 메커니즘에 의해 이 퇴적물이 불안정
한 상태에 이르고 압축되었으며 그 과정에서 거대한 산지가 생
성되었다는 것이 이 이론의 논리였다. 당시에 수집된 자료는 지
향사 이론에는 유용하지만 판구조론에 사용되기에는 적당하지
않았다. 불완전한 용어를 사용해 기술되었기 때문이다. 따라서
우리는 그 지역을 보다 자세히 연구해 이곳이 새로운 그림에 어
떻게 들어맞을지 알아내고자 했다.

　회색의 고요한 아침이 솟아오른다. 해안을 따라가는 편안하
고 차분한 항해가 이어진다. 우리는 작은 피오르의 입구로 향한
다. 정박해서 횡단을 시작할 수 있는 곳으로, 고르지는 않지만
바위가 많지 않아 하루 동안 살펴볼 만한 지형이다.

　피오르의 입구에 도달할 무렵, 조석이 완만하다. 선미에 묶여
있는 소형 보트를 타고 해안가까지 쉽게 이동할 수 있을 것 같
다. 우리는 망치와 음식, 물을 넣은 배낭을 소형 보트 안에 던져
넣는다. 보트를 출발시킬 준비를 마칠 때쯤 몇백 미터 너머 우
현 난간과 선미 쪽에서 물개의 머리가 보인다. 물개는 물 밖으
로 머리를 잔뜩 들어올린 채 호기심 어린 눈으로 우리를 바라본

다. 카르스텐은 물개를 보고 흥분한다. 생가죽과 말린 고기는 가족을 위한 훌륭한 저녁식사가 될 수 있기 때문이다.

그는 소형 보트에서 뛰어내려 자신의 모터보트로 달려가서는 왼쪽 문 위에 끼워놓은 소구경 소총을 움켜쥔다. 약실을 확인하고 탄약을 장전한 뒤 다시 소형 보트로 돌아와 재빨리 물가로 배를 몬다. 그는 우리가 점찍어둔 장소로 소형 보트를 몰고 있지만 계속해서 어깨너머로 물개를 지켜본다. 우리를 내려주자마자 핸들 앞의 계기판 상단에 소총을 걸쳐놓은 상태로 곧장 물개를 쫓는다. 계획대로라면 우리는 저녁식사 무렵 야영지에서 그를 만날 예정이었다.

우리가 상륙한 돌 많은 해안가 바로 건너편에 우리가 찾던 대리암 노두가 보인다. 약 2미터 두께의 회색 대리암이 갈색이 감도는 검은색 편마암 사이에 샌드위치처럼 끼어 있다. 우리는 이곳을 따라 걸으며 습곡된 구조와 이를 감싸고 있는 길쭉한 포유물*에 감동한다. 극단적인 전단을 보여주는 반박 불가능한 증거다. 이는 충돌 지대에서 서로 맞닿는 거대한 대륙 사이에 낄 때 암석이 받게 되는 압력과 일치한다.

우리가 걷고 대화를 나누는 동안 작은 목초지, 조그마한 연

---

* 바깥쪽의 암석으로 둘러싸인 내부 물질

못, 새로운 식물이 끊임없이 모습을 드러내며 뜻밖의 즐거움을
제공한다. 한 곳에서는 암녹색과 황갈색의 두터운 이끼 덤불이
약 2미터 높이의 노두의 기단에 주름져 있다. 그 모습에 나는 크
게 당황한다. 이끼가 그렇게 무성하게 주름진 형태로 자라는 것
은 한 번도 본 적이 없다. 이끼는 광합성 작용으로 노두의 표면
에서 자라나 암석을 부드럽게 덮었을 것이다. 이끼는 수백 년
은 아닐지라도 수십 년 동안 아무런 방해도 받지 않고 자라, 결
국 이끼 덤불의 무게가 암석의 표면과 이끼 간의 연약한 연결고
리가 지탱할 수 있는 것보다 무거워지는 상태에 도달한 것이다.
이끼 덤불은 척박한 암석 표면의 기단에 쭈글쭈글한 담요처럼
놓여 있다. 그 주위에는 손가락 두께만 하고 밝은 노란색을 띤
뭔지 모를 깃 달린 균류 줄기가 수직으로 서 있다. 내가 진균학
자였다면 천국에 있는 거나 다름없었으리라. 하지만 지질학자
인 나는 어리둥절해하며 그곳을 지나갈 뿐이다.

　느닷없이 저 멀리서 쫙 갈라지는 소리와 총성이 들려온다. 우
리의 망치질에 대적하는 짧고 날카로운 소리가 노두에서 들린
다. 그 소리는 그렇게 몇 시간 동안 이어진다.

　늦은 오후 우리는 야영지를 마련한 만에서 1.5킬로미터 이상
떨어져 있고 30미터 위에 자리한 구릉지에 다다른다. 해안가
에서 얼마 떨어지지 않은 곳에 정박해 있는 보트가 보인다. 카

르스텐이 물개를 잡았는지 궁금하지만 멀리서는 알 수 없다.

20분 후 우리는 만으로 가서 야영을 한다. 카르스텐은 물가를 향해 기울어져 있는 암석의 한쪽 끝에 앉아 암석 위에 놓인 물개의 가죽을 벗기고 있다. 그의 움직임은 정확하고 노련하다. 그는 물개 가죽을 말끔히 닦고 잘라 고기를 세척한다. 가죽을 비롯해 세척해서 도축한 고기를 소형 보트에 실은 뒤 자신의 배로 향한다.

잠시 후 돌아온 카르스텐은 카이에게 지역 별미를 요리할 예정이라고 덴마크어로 설명한다. 몇 번의 통역 끝에 우리는 그가 다른 재료와 함께 넣고 끓인 내장 요리를 하겠다는 말을 알아들었다. 냄새가 좀 역겨울 거라는 말도 덧붙인다. 그가 부채 모양의 선미에서 자신의 요리를 준비하는 동안 카이는 조리실에서 우리의 식사를 준비한다. 그린란드에서의 삶은 바다의 삶과 통합되어 있다. 미묘하게 균형을 이루고 있으며 당연한 것은 아무것도 없다.

처음으로 떠났던 여정에서 나를 놀라게 한 경험이 떠오른다. 우리는 작은 트롤선을 타고 시시미웃Sisimiut을 떠날 예정이었다. 날은 찼다. 모두가 파카를 입고 비니를 쓰고 장갑을 끼고 있었다. 우리는 보트에 물건을 실었다. 우리가 부두에서 난간 위로 물건을 선원들에게 건네면 그들은 물건을 격벽에 단단히 고

정시켰다. 짐이 잔뜩 든 배낭을 선원에게 건네면서 나는 해안가
건너 우리 옆의 부두를 힐긋 보았다. 두 남자가 그물을 수리하
고 있었다. 그들은 맨손으로 민첩하게 매듭을 만들며 그물의 구
멍을 메우고 있었다. 내가 지켜보는 가운데 한 남자가 작은 선
실의 지붕으로 몸을 틀더니 작은 얼룩큰점박이 바다표범의 사
체 옆에 놓인 칼을 집어들었다. 그러고는 날렵한 몸동작으로 바
다표범의 비계를 살짝 베어내 입에 넣고는 하던 작업으로 다시
돌아갔다. 바다표범의 비계는 바다로 나가기 전 그를 위한 간식
이었다. 그 바다표범은 두 남자가 낚시를 할 이틀 동안 그들에
게 유용한 식량이 되어줄 터였다.

카르스텐은 혼자서 바람을 맞으며 식사를 하고 있다. 우리는
우리의 식사를 하면서 이따금 어깨너머 그를 바라본다. 그때 뜻
밖에도 그가 조리실 입구에 고기를 들고 나타난다. 우리에게 바
다표범 고기를 먹어보고 싶지 않냐고 물어보면서 접시를 건넨
다. 우리는 각자 고기를 조금씩 먹어본다.

접시 위에 놓인 음식은 질긴 소고기처럼 보인다. 고기의 결이
아주 촘촘하고 뚜렷하다. 지방은 거의 없다. 살짝 달콤하면서
사냥한 고기가 썩기 시작할 때 느껴지는 기이하고도 역겨운 냄
새가 난다. 나는 몇 년 전 맛본 순록고기 맛에 가깝지 않을까 생

각하며 한 입 베어문다. 질긴 소고기와 질감이 비슷하며 소고기 같은 특징이 있기는 하다. 하지만 놀랍게도 전혀 예상치 못한 생선 맛이 압도적으로 느껴진다.

　장소를 경험하는 것은 그곳의 음식물을 찾아가는 과정이기도 하다. 바다표범은 물고기의 움직임, 물고기의 습관과 패턴에 담긴 미묘함을 알고 있다. 바다표범의 뇌는 물고기 사냥에 연결되어 있다. 바다표범은 어디에 물고기가 있을지, 물고기가 달아나면서 어떠한 모습을 보일지, 도망가기 위해 어떠한 인내를 보일지를 알고 있다. 이런 내재된 정보는 수백만 년 동안 사냥에 성공하거나 실패하면서 배운 교훈이다. 이 정보는 장소에 대한 바다표범의 경험, 그곳을 어떻게 이동하는지, 어떠한 먹이를 찾고 무엇을 먹는지에 관한 바다표범의 흔적을 보여줄 수밖에 없다. 바다표범은 어느 정도 물고기의 관점으로 삶을 사는 것이다.

　내 근육조직을 맛본다면 무슨 생각이 들까? 그 맛이 상기시키는 것에서 이 세상에 대한 나의 경험을, 내가 무엇을 찾고 어떻게 사는지를 알 수 있을까? 바다표범과 마찬가지로 우리에게는 풍경이나 깨끗한 물, 하늘을 바라보는 저마다의 방식이 있다. 생존과 관련된 진화론적 지식에 기인한 방식이다. 우리는 이 같은 내재된 지식과 교훈의 총합이다.

누구의 손길도 닿지 않은 황량한 야생에서 산다는 것은 그 장소의 요소들을 아우르는 이제는 잊힌 언어나 어휘처럼 삶에 맛을 선사한다. 이 언어를 통해 우리는 언제, 어떠한 삶이 존재했는지에 대한 역사를 쓸 수 있다. 이 언어의 어휘는 장소의 동식물상, 지형과 물의 특징, 계절에 따른 빛의 변화가 사실이었음을 인정한다.

야생의 대지와의 작별

_소속감

4주가 훌쩍 지난 뒤에야 우리 탐사는 끝이 난다. 이 지역 역사에 대한 상충된 해석은 해결되었지만, 오랜 역사의 단서를 고려한 결과 새로운 복잡함이 드러난다. 이제 다음 단계 작업에 착수해야 한다. 측정 결과와 관찰 결과를 모아 일관된 연대기를 정립하고 우리가 수집한 샘플을 연구하고 분석하는 일이다. 가족이나 친구들과 다시 만나고 문명세계로 돌아가 그 세상이 제공할 혜택을 다시 누릴 수 있다는 기대감도 있다. 우리를 칸게르루수아크로 데려다줄 헬리콥터가 곧 올 것이다.

카이는 일부러 챙겨온 흰색 천 조각을 사용해 헬리콥터 착륙장에 커다란 X자를 표시해두었다. 우리의 야영지에서 얼마 떨어져 있지 않은 곳으로, 헬리콥터가 암석에 부딪혀 날개가 박살나지 않을 만한 착륙 지점이다. 이곳의 풍경은 현대 기술에 호의적이지 않다. 우중충하고 오싹한 회색 아침이다. 해안가 건너편에서 남실바람이 불어와 살을 에는 듯한 추위 속에서 작별인사를 해야 할 것 같다.

전날 우리는 사용하지 않은 물건과 도로 가져갈 장비를 상자에 담았다. 수백 개의 암석 샘플을 신문에 싸고 발견된 좌표를 비롯해 고유 숫자로 암석에 꼬리표를 단 뒤 나무 상자에 넣어두었다. 우리를 피오르로 데려다준 파란색 트롤선이 나중에 우리 짐을 아시아트로 가져다주기로 되어 있었다. 그곳에서 배를 이용해 다시 덴마크로 실어나를 예정이었다. 우리는 위도와 경도가 제대로 표시되었는지, 샘플에 대한 서술이 우리의 기록과 일치하는지 확실히 하기 위해 꼬리표를 다시 한번 확인했다. 작업을 마친 뒤에는 쓰레기를 전부 모아 썰물 때 해안가에서 태웠다.

샘플 상자는 이제 이곳에서의 우리 존재를 입증하는 유일한 구조물이다. 텐트는 이른 아침에 이미 철거했다.

헬리콥터의 도착 예정 시간 몇 분 전, 멀리서 헬리콥터 날개가 공중을 가르는 두두두두 소리가 들린다. 해안가 너머 북쪽으로 수 킬로미터 떨어진 지점에서 들려오는 소리가 피오르를 감싸는 거대한 암벽에 울려퍼진다. 헬리콥터를 찾아보지만 아무것도 보이지 않는다.

며칠 전 그린란드에 사는 세 가족이 우리가 물을 긷고 목욕을 하는 개천의 만에 텐트를 쳤다. 우리가 그곳에 있는 동안 유일하게 본 사람이었다. 그들은 순록을 사냥하러 온 사람들로, 우리가 그들과 접촉한 건 그들이 도착한 다음 날이 되어서였다.

늦은 오후 야영지로 돌아왔더니 네 명의 아이가 우리가 연료와 식량을 저장해둔 곳 위의 절벽에 서 있었다. 아이들은 우리가 조디악을 해변으로 끌고와 밧줄로 묶고 암석과 장비를 하역하는 것을 지켜보았다. 손을 흔들었지만 아이들은 파카에서 손을 빼지 않았다. 우리 장비 중에는 여분의 구명조끼도 있었다. 가져온 물건을 정렬하고 차곡차곡 쌓아놓는 가운데 우리가 두고간 구명조끼 중 하나가 부풀려 있는 것이 보였다. 호기심 가득한 아이들이 그냥 지나치기에는 너무 신기한 물건이었으리라. 조끼를 부풀리기 위해 당겨야 하는 선홍색 작은 플라스틱 손잡이는 꼬맹이들에게 상당히 매혹적이었을 것이다. 아이들이 조끼를 부풀리는 순간의 모습을 놓친 게 아쉬웠다.

우리가 청소를 하고 저녁식사 준비를 하는 내내 아이들은 거의 한 시간 동안 우리 주위를 맴돌았다. 이쪽으로 와서 우리가 누구인지 살펴봐야 할지 결정하려는 듯했다. 하지만 아이들은 결국 다가오지 않았다. 아이들에게 가서 내 소개를 하지 않은 게 후회가 된다.

결국 우리는 헬리콥터를 찾는다. 헬리콥터는 우리의 소박한 전초기지를 지워버리려는 듯 반짝이는 로켓처럼 우리를 향해 곧장 내려앉는다. 순식간에 급강하해 가파르게 선회하더니 카이가 표시한 지점에 착륙한다. 나는 그린란드 거주민들을 힐긋 쳐다보며 그들이 무슨 생각을 할지 궁금해한다. 그들은 전부 텐트 밖으로 나와 우리를 지켜보고 있다.

몇 분 만에 장비가 실리고 우리가 헬리콥터에 올라타 안전벨트를 매고 헤드폰을 끼자 헬리콥터가 출발한다.

헬리콥터가 떠오르는 순간, 나는 아주 잠깐 우리가 그곳에 존재했던 흔적을 내려다본다. 텐트를 설치했던 자리의 납작해진 툰드라, 우리가 계속 밟고 지나간 길 위의 짓눌린 식물들. 연약하고 섬세한 장소에 침입하듯 살았던 생활이 남긴 기하학이었다.

비행기는 남쪽으로 향한다. 우리가 코펜하겐을 떠난 뒤 향했던 칸게르루수아크 공항으로. 우리는 1천 미터 상공을 날아가며 산마루 아래와 산마루 꼭대기를, 미지의 표면을 스치듯 지나간다. 동쪽으로 빙원의 흰색이 태양을 받아 반짝인다. 빙원은 우리 위로 거의 1.5킬로미터 솟은 채로 곧 역사에서 사라질 끝없는 지평선을 만들고 있다. 헬리콥터는 이따금 빙하 전선에서 겨우 30미터 정도 위를 날아간다. 탁한 고동색 강의 아랫배

쪽에서 물이 솟구쳐 나오는 모습이 보일 정도로 가까운 거리다.
고동색 강은 서쪽으로 느릿느릿 움직이면서 분쇄된 암석을 먼
바다의 무덤으로 실어나르고 있다. 강은 내륙을 따라 이동하면
서 거친 모래와 자갈을 범람원과 강바닥에 떨어뜨리며 바위투
성이의 계곡바닥을 막아버린다. 그렇게 피오르 경계에 새로운
땅을 만들고 밀물 때 그곳을 흐르는 푸른 물의 방향을 바꾸어버
린다.

　우리가 남쪽으로 향하는 동안 구름이 사라지고 새파란 하늘
이 고개를 내민다. 눈부신 섬광이 끊임없이 짧고 날카로운 공격
을 퍼부으며 땅에서 번쩍인다. 낮게 걸린 아침 해가 젖은 표면
에 반사된다. 나는 선글라스를 찾으려다가 이내 마음을 바꾼다.
이곳을 떠나고 싶지 않았고, 이곳에서의 경험과 나 사이에 무언
가 있는 것도 원치 않았기 때문이다. 물론 지금 헬리콥터를 타
고 상공 약 350미터에 떠 있으며 회전 날개가 우리 머리 위에서
400rpm의 속도로 빙빙 돌면서 배경음악처럼 두두두 소리를 끊
임없이 내뱉고 있지만 말이다.

　목적지에 절반 정도 다다랐을까 날카로운 능선을 지나자 아
래에 있는 계곡의 툰드라에서 미로 같은 길이 보인다. 순록의
이동 경로다. 그곳은 텅 비어 있으며 별다른 특징이 없지만 역
사를 품고 있다. 순간적인 기록이자 그곳에서 살았던 삶의 징표

로, 진화하는 땅에서 펼쳐지는 변화와 생존의 종잡을 수 없는 귀결이다.

왼쪽으로는 빙하가 세상에서 가장 큰 섬을 숨기기 위해 끝없는 노력을 펼치고 있고, 오른쪽으로는 아름답게 조각된 계곡과 퇴적물로 가득한 피오르가 서쪽을 향해 뻗어 있다. 이 다양한 모습의 경치는 자연의 과정을 분석적으로만 기술하는 것이 얼마나 부적절한 방법인지 보여준다.

산마루 아래를 지나자 갑자기 남서쪽으로 8킬로미터 너머, 300미터 아래로 칸게르루수아크 공항의 활주로와 포장도로가 보인다. 극단적인 계절에 견디도록 설계된 구조물이다.

헬리콥터가 하강하더니 몸을 튼다. 우리를 북대서양 너머로 데려다줄 767 비행기가 보인다. 저녁식사를 할 때쯤이면 코펜하겐에 도착해 있을 것이다.

헬리콥터는 부드럽게 활주로에 내려앉는다. 나는 안전벨트를 풀고 헬리콥터 밖으로 나온다. 알루미늄으로 된 헬리콥터의 몸체를 맨손으로 만지다가 실크처럼 부드러운 감촉에 깜짝 놀란다. 매끈하고 윤이 나는 그 표면은 내가 지난 몇 주 동안 만진 것들과는 전혀 다르다. 불과 4주 전 우리가 야생으로 들어간 입구에 서 있지만 모든 것이 전혀 익숙하지 않다.

우리는 장비를 내려서 자동차에 싣는다. 장비는 금속 특유의

철컥 소리를 내며 자동차에 실린다. 디젤 연료로 구동되는 콘크리트 기계는 우리가 문명세계로 돌아왔음을 명징하게 보여준다. 내가 툰드라에 남겼던 발자국은 마치 무無를 규정하는 것처럼 느껴진다.

우리는 우정, 조류, 바람, 구름층에 주의를 기울였던 존재에서 벗어나고 있다. 지금 우리 앞에 있는 새로운 세상은 진화하는 풍경이나 삶의 자연스러운 흐름과는 거리가 있다. 이곳에는 국경과 경계가 있다. 활주로의 단단함마저 기이하게 보였다. 지구를 느낄 수 있는 천 가지 방법을 제공하고 있는 불규칙적인 대지의 감촉이 의도적으로 삭제되고 있다.

밴이 착륙장을 지나 우리를 터미널 겸 카페테리아 겸 호텔로 데려다준다. 우리는 건물로 걸어 들어가 코펜하겐으로 짐을 부친다. 호텔의 한쪽 끝에는 저렴한 비용으로 이용할 수 있는 공공시설이 있다. 우리의 작은 커뮤니티에서는 무가치했던 돈이 기이한 관념처럼 느껴진다. 우리는 몇 주 전 주머니에 쑤셔넣고 지퍼까지 잠가두었던 돈을 찾는다.

샤워를 하러 가는 걸음마다 경미한 폐쇄공포증이 나를 감싼다. 직사각형 복도를 두 번 돌고 나자 이내 어지러워지고 방향감각을 잃는다.

잠시 후 나는 한 달치 면도를 하려고 세면대 앞에 선다. 꽉 막

힌 공간에 바람이나 따뜻한 습기가 없어 숨이 막힌다. 창문을
여니 동쪽으로 칸게르루수아크 피오르가 끝나는 완만한 경사
지가 보인다. 신선하고 선선한 공기가 밀려오자 그제야 비로소
안도한다.

인상 4

> 나는 자연에서 돌아오는 탐사원들이 이렇게 하는 것이 더 낫다고
> 결론을 내렸다. …… 이 경이로움의 의미를 정의내릴 것이 아니라
> 그것을 기록하라고. 그렇게 했을 때, 그것은 사람들의 마음에
> 계속해서 울림을 전할 것이다. 사람들은 기적이 보여주는 것,
> 그 너머를 이해할 것이고, 상징을 찾고자 하는 인간의 욕구를
> 더 이상 충족시키려 하지 않을 것이다.
>
> – 로렌 아이슬리

매와 만났던 절벽 표면 위의 바위 턱을 생각하고 있다. 내 앞으로 흘러가는 공기의 거대한 심연 속에서 물고기 떼가 목적지를 향해 헤엄치고 있다. 그곳의 존재는 사람들로 가득한 세상의 두려움으로부터 보호받는다. 들리는 거라곤 야생에 살고 있는 생명체의 사라지는 목소리뿐이다.

우리는 부유한 채 맴돈다. 우리의 생각과 꿈은 우리가 알고 보는 것들의 표면에서 반사된 것들이다. 우리는 표면이 무언가를 가리고 있음을 인식하고 있는 개척자 종種이다. 노두에 정강이

를 긁히고 날카로운 결정을 만져 피를 흘리고 흠뻑 젖은 부츠를
신고 희박한 공기를 가로지르며 걷는 과정은, 전부 우리의 경험
에 정보를 제공한다. 그리고 우리가 자연 세상이라고 여기는 것
들을 만들어낸다. 물고기 떼 가운데 놓인 빙하 덩어리, 절벽 표
면에 부딪히며 날카로운 소리를 내는 바람, 바다표범 고기에서
흘러나오는 육즙, 피어나는 생명의 생식기관에서 나는 달콤한
향기. 야생은 추론하고 시를 짓고 아름다움을 만들어내는 우리
의 능력이 중요하다는 사실을 우리 스스로가 자유롭게 인식할
수 있게 하는 유일한 문턱이다.

맺음말

GREENLAND

지구는 미지의 별이나 초신성의 잔해를 포함한 성간 먼지로부
터 만들어졌다. 약 45억 년 전 성간 입자들이 서서히 모이고, 혜
성과 유성과 얼음이 충돌하면서 우주의 예술가적 기교로 지구
가 탄생했다.

창조는 멈추지 않는다. 지질학과 삶이 그 결과다. 하지만 그러
한 풍요로움을 인식하고 이에 동참하려면 주차장과 건물과 도
로에 의해 가려진 전체 스펙트럼에 다가갈 수 있어야 한다. 일
몰과 수평선, 흰개미, 분자, 그리고 삶이 자신만의 창의적인 기
량으로 자연에 반응하는 모습을 보려면 가공되지 않은 장소가
필요하다. 야생이 없을 경우 그러한 것을 볼 수 있는 본질적인
관점도 잃게 된다.

우리를 비롯한 다른 지질학자들의 야외 조사 덕분에 우리는

오랜 옛날 조산운동의 전반적인 윤곽을 그릴 수 있었다. 기반암의 솔직한 목소리를 들으려면 맨눈으로는 볼 수 없는 세부 정보를 살펴봐야 한다. 야외 조사를 나설 때 우리가 망치와 샘플 가방, 꼬리표 부착용 펜을 지참하는 이유다.

우리는 덴마크로 가져온 샘플을 얇은 조각으로 잘라 전문 연구기관에 보낸다. 그곳에서는 이 판을 깔유리에 부착하고 사람 머리카락 정도의 두께로 연마한다. 그러면 암석의 표면이 유리처럼 광택이 나게 되는데 빛이 통과할 수 있는 이 '얇은 단면'을 통해 우리는 광물의 형태와 조직의 세부 사항을 살펴보고 기록할 수 있다.

현미경을 통해 암석의 얇은 조각을 들여다보고 있으면 그 어떤 인간도 상상하지 못한 맨눈으로 본 적 없는 색상과 형태의 환상적인 기하학에 빠져들어 자기 인식은 사라지게 된다. 이 미세 영역의 구조와 아름다움은 결정 안의 원자가 이루어낸 마법 같은 배열이 그저 발현된 것일 뿐이다. 이 광물이 한때 가둬두었던 것을 읽으려고 몇 시간을 들여 노력하는 과정에서 그 존재의 심오함이 드러난다. 현미경 속의 기하학적 형태는 광물이 한 조합에서 다른 조합으로 바뀌었음을 보여준다. 그런 변화는 결코 평형에 도달할 수 없었다고 하는, 아무것도 완벽하지 않음을 증명해주고 있다. 지구 내부의 변화된 조건에 따라 광물의 결정

암석의 얇은 조각을 현미경으로 살펴본 모습

면은 이웃하는 면들과 서로 달라붙으면서 빈 공간을 남기지 않은 채 안정되고 연속된 배열을 이루고 있다.

하지만 단순히 연속적인 사건들을 표로 만든다고 역사가 재구성되는 것은 아니다. 광물이 언제 형성되고 조직이 언제 생기는지 그 연대를 알아내는 방법이 필요하다. 30억 년 이상의 역사를 간직한 암석의 경우, 그 같은 시간의 뼈대를 세우기 위해서는 튼튼한 메모리를 가진 기록 장치가 필요하다. 다행히 저어콘Zircon이라는 광물이 그 같은 역할을 수행한다.

저어콘은 주로 지르코늄, 규소, 산소로 이루어진 광물이다. 복원력이 뛰어나고 지각의 중간층이나 깊은 층에 있는 암석이 경험하는 대부분의 온도와 압력에서 안정적이다. 또한 단단하다. 바위나 자갈에 부딪히고 긁히면서도 강바닥을 따라 수십 킬로미터나 수백 킬로미터를 이동할 수 있다. 결정격자의 강력한 결합을 통해 마모를 견디는 것이다.

구조를 결정짓는 원자의 독특한 조합과 배열로 인해 저어콘은 거의 모든 암석에 들어 있는 우라늄의 적은 양이라도 쉽게 받아들인다. 이 단순한 사실 때문에 저어콘은 극단적인 조건에서 여러 차례 암석을 가열하고 압축시키는 지체구조 활동의 장소에서조차 지각의 역사를 재구성하는 데 너무나도 중요한 광물의 하나다. 저어콘에 함유된 우라늄은 일정한 속도의 방사능 붕괴를 통해 납과 토륨, 헬륨으로 분해된다. 덕분에 우리는 이 구성물질의 농도를 측정함으로써 암석의 나이를 결정할 수 있다. 저어콘은 지질학적 시계인 셈이다.

저어콘을 이용해 암석의 나이를 측정하려면 아주 작은 저어콘 결정을 분리할 수 있을 때까지 샘플의 일부를 으깨서 체로 걸러야 한다. 그다음에는 저어콘 알갱이를 에폭시 접착제 디스크 위에 부착한 뒤 알갱이의 내부가 노출되도록 잘 연마한 다음 분석을 시도한다. 저어콘 결정을 고배율로 보면 결정이 균질하지 않다는 사실을 알 수 있다. 대부분의 저어콘에는 나이테처럼 보이는 부분이 있는데, 이 성장 띠는 결정의 중심부(코어)를 둘러싸고 있으며 새로운 저어콘이 중심부의 오래된 옛 저어콘 주위로 성장한 조건변화의 기록이다. 종종 100만 분의 1센티미터도 되지 않는 저어콘의 성장 띠는 읽을 수도, 나이를 측정할 수도 없다.

　비록 저어콘 내 아주 가는 성장 띠는 분석하기 어렵겠지만, 좀 더 넓은 띠는 현재의 기술로 충분히 분석할 수 있으며 이를 통해 수백 개 이상의 연대 자료를 획득하였고, 이전보다 훨씬 구체적으로 기반암에 기록된 진화 과정을 밝힐 수 있었다.

　연대를 측정하기 위해 우리가 선택한 샘플 중 일부는 투네르토크섬의 동쪽 끝에서 발견한 소성 변형된 유동 구조의 암석이다. 동료들과 함께 자료를 살펴보며 나는 이 암석 중 일부가 깜짝 놀랄 정도로 오래되었다는 사실을 알게 되었다. 수많은 저어콘의 코어가 거의 34억 년이나 되는 것으로 밝혀졌는데, 전단대의 다른 쪽에 놓인 전체 지층보다 오래된 나이였다. 이는 고대의 대륙이 남쪽이 아니라 북쪽으로 더 뻗어 있다는 의미였다. 이 암석은 사라진 해양의 경계를 규정하는 증거였다.

　이 오래된 코어 주위에는 상대적으로 젊은 성장 띠가 자리했는데 상당수가 27억 5천만 년 정도 된 것으로 밝혀졌다. 이는 전단대 남쪽에서 발견되는 암석뿐만 아니라 전 세계의 오래된 암석에서 발견되는 주요한 격변과 일치한다. 이 시기가 의미하는 바는 불확실하지만 아마도 지구에서 상당한 양의 맨틀 물질이 대륙으로 흘러들었음을 가리키는 듯하다. 이 같은 증거는 이 지층에서 발생한 사건과 다른 곳에서 일어난 사건 사이의 관련성을 보여주는데, 그린란드의 이 지역이 전형적인 대륙의 지각임을 증명하는 공통분모인 셈이다.

균질한 저어콘이 포함된 암맥이 이 오래된 암석을 관입하여 자르고 있는데, 그 시기는 18억 500만 년 전으로 대륙이 충돌한 때다.

동쪽 끝, 칼비스크와 그의 동료들이 1987년에 파악한 거대한 화성암 지괴는 우리가 측정한 저어콘을 비롯해 다른 연구진이 분석한 비슷한 나이의 암석을 바탕으로 그 연대가 밝혀졌다. 우리가 파악한 나이에 따르면 18억 7,500만 년과 19억 8천만 년 사이 이 지역 전체에서 활동적인 판구조 운동과 안데스 타입의 화산활동이 있었던 것으로 보인다.

거의 1억 년 동안 지속된 활발한 화산활동 덕분에 우리는 소실된 해양의 크기를 단순 계산으로 대략 예측해볼 수 있다. 오늘날 해양 지각이 섭입대로 침강하는 속도는 1년에 2~10센티미터 정도다. 당시에 지각판이 수렴하는 속도가 이보다 느렸을 거라고 가정한다 하더라도 사라진 지각의 양은 거의 5천 킬로

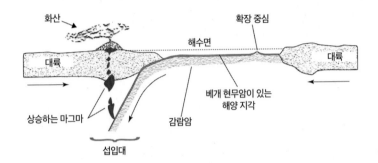

충돌 전 모습. 약 18억 9천만 년 전에 판구조 운동이 매우 활발했던 섭입대와 화산 시스템 그리고 충돌이 일어났던 대륙들을 일렬로 배열시킨 모식도다. 섭입하고 있는 베개 현무암과 감람암으로부터 마그마가 발생하여 상승하고 있으며, 초고압(UHP) 지역은 마그마 발생 지역 바로 아래 있고, 그곳에서 초고압 암석이 만들어진다.

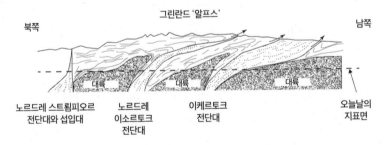

새로운 해석. 약 17억 2천만 년 전에 대륙의 충돌이 거의 끝날 무렵 형성된 산지 시스템의 단면을 그린 모식도다. 화살표는 현재 밝혀진 전단대에 뿌리를 둔 주요 단층의 움직임을 나타낸다. 짙게 칠한 대륙들은 충돌 이전에 합체되었을 것이다. 북쪽 대륙을 이루는 가장 오래된 대륙의 암석은 노르드레 스트룀피오르 전단대의 왼쪽에 위치한다. 변성퇴적암과 다른 암석들은 얇은 물결 혹은 주름진 선으로 표시했다. 이 그림은 카이 쇠렌센이 그린 원래 모델을 수정한 것이다.

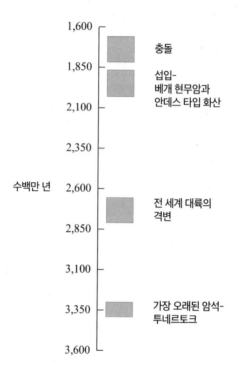

서그린란드 지질에서 가장 중요한 사건들의 연대표. 연대는 주로 저어콘으로부터 측정된 데이터에 기초한다. 각 기둥의 길이는 각 사건을 규정하는 대다수의 연대다. 노르드레 스트룀피오르 전단대(NSSZ)는 충돌의 마지막 수백만 년 동안 활동했다. 참고로, 지구는 약 45억 6천만 년 전에 탄생했고, 지구에서 가장 오래된 대륙 지각의 물질은 약 41억 년의 나이를 가진다.

미터에 달할 것이며, 이는 뉴욕에서 포르투갈 리스본에 이르는 거리와 맞먹는다. 즉 베개 현무암으로 덮여 있었던 해양은 오늘날 북대서양 크기에 해당할지도 모른다.

그렇다면 베개 현무암의 나이는 18억 7,500만 년과 19억 8천만 년 사이에 활동적이었던 해양분지의 나이와 일치할까? 동일한 분석법을 사용해 우리는 베개 현무암의 나이가 최소한 18억 9,500만 년은 되었다는 사실을 알아냈다. 다시 말해 베개 현무암은 오래전에 사라진 해저의 일부일 확률이 높았다.

변형과 변성이 집중된 전단대에서 채취한 다른 샘플들은 나이가 다양했지만 대부분 17억 2천만 년에서 18억 2천만 년 사이였다. 이 1억 년에 걸친 조산운동의 주기는 히말라야나 알프스 같은 비슷한 유형의 충돌과 관련 있다. 히말라야나 알프스산맥 둘 다 아직까지 활동적이며 앞으로도 수백만 년이나 더 이어질 것이다. 히말라야산맥은 6천만 년 전, 알프스산맥은 최소한 3천만 년 전에 형성되기 시작했다.

샘플에 함유된 광물 입자의 나이를 추정할 수 있으면 암석의 여정을 구체적으로 담은 연대표를 그릴 수 있는데, 이 같은 방법을 사용하면 해당 지층의 역사를 구성하는 3차원 모델을 구축할 수 있다.

그슬린 머리카락 냄새를 풍긴 암석, 현미경으로 살펴본 결과 석류석과 감람석·첨정석*으로 가득했던 이 암석은 최소한 60킬

---

* 주로 마그네슘과 알루미늄의 산화물로 이루어진 등축정계의 광물

로미터 아래(고압 변성 환경) 묻혔다는 놀라운 역사를 간직하고 있
었다. 그때까지만 해도 우리 중 누구도 이 지역의 암석이 20킬
로미터 이상 이동했을 거라고는 상상하지 못했다. 우리는 보고
서를 쓰고 논문을 출간했으며 그러한 암석이 전혀 비정상적인
것이 아님을 확인하기 위해 오르후스대학의 기록 보관소에서
더 많은 샘플을 살펴보았다.

기록 보관소의 자료를 살펴보는 가운데 초고압 변성작용을 겪
은 암석의 샘플이 발견되었다. 몇 달 동안 우리는 그린란드 지질
학 관련 석사·박사 과정의 학생과 교수들이 지난 수십 년 동안
수집한 수천 개의 샘플을 검토했다. 그 속에서 그렇게 깊이 묻혔
던 증거를 품고 있는 암석이 두 개 발견되었다. 이 샘플들은 우리
가 연구한 장소에서 서쪽으로 수십 킬로미터 떨어진 곳에서 채
취되었으나 특이한 암석이 발견된 곳과 동일한 지대를 따라,
노르드레 스트룀피오르 전단대의 북쪽 경계를 따라 위치했다.

이 두 암석은 동일한 특징을 지녔다. 한 샘플은 아이러니하게
도 카이와 그가 가르치던 학생 플레밍 멘겔이 거의 40년 전 이
곳을 답사할 때 수집한 암석이었다. 다른 샘플은 기세케쇠 근처
에서 발견되었으며 1960년대 말 대학원생이었던 스틴 플라토
가 연구한 암석이었다. 이 샘플들은 이 지역의 일부가 극심한
압력을 받아 최소한 250킬로미터 깊이까지 묻혔다가 다시 융기

했다는 사실을 입증하는 핵심 증거가 되었다. 이 암석들은 깊은 섭입대까지 이동한 증거를 담고 있는 가장 오래된 샘플이었다. 이 샘플을 발견하기 전에는 9억 년 이전에 그러한 판구조 운동에 수반된 과정이 발생했다는 사실을 입증할 직접적인 증거가 없었다. 이 샘플들은 이 나이를 최소한 20억 년으로 높여주었다.

 우리가 스틴 플라토가 수집한 암석을 발견했을 무렵 그는 덴마크 오르후스의 외곽에 살고 있는 은퇴한 농부였다. 우리는 그의 농장을 방문해 그가 남긴 기록과 지도를 살펴보았고 그가 기억하는 장소에 대해 얘기를 나눴다. 하지만 결국 우리는 그와 함께 그 지역에 가보는 게 제일 좋은 방법이라는 사실을 깨달았다. 그리하여 2012년 여름, 우리는 스틴이 직접 탐사한 그 지역을 찾아갔다. 1969년 그가 마지막으로 찾아간 이후 아무도 방문한 적 없는 곳이었다. 그의 나이는 이제 70대 초반이었다. 우리는 그를 가이드 삼아 그 지역을 천천히 둘러보았다. 그는 담배를 피우며 자주 웃었다. 추억이 잠긴 옛 장소로 돌아와 즐거운 듯했다. 일정이 거의 마무리되어갈 무렵 어느 오후, 그는 자랑스럽게 셔츠를 들어올리더니 벨트가 더 이상 맞지 않는다고 말했다. 야생을 돌아다니며 수 킬로미터를 하이킹하느라 살이 너무 많이 빠지는 바람에 벨트에 맞는 구멍이 더 이상 없다고 했다.

　우리와 마지막 탐사를 한 뒤 몇 개월 후 스틴은 생을 마감했다. 자료를 취합하기 위해 필요한 지도를 기쁜 마음으로 작성하던 무렵 그에게 뇌졸중이 찾아오고만 것이었다. 그가 오래전에 수집한 샘플, 우리가 마지막 탐사에서 그와 함께 수집한 샘플은 이곳의 독특한 역사를 입증할 핵심적인 증거가 되었다. 그 자료와 샘플은 한때 그곳에 안데스산맥과 비슷한 화산활동이 있었다는 칼스비크와 그의 동료들의 주장을 완벽하게 뒷받침해주었다.

　우리는 대륙과 한때 이 대륙들을 분리했던 해저의 남아 있는 부분 간의 경계를 표시하는 봉합대를 발견했다. 우리의 연구와 다른 이들의 관련된 연구를 통해 나그수그토키디안 전단대는 옛날 대륙들 사이의 충돌이 끝날 즈음 마지막 주요 변형, 즉 오늘날 히말라야에서 확인되는 것과 비슷한 활동적인 단층 시스템이었음이 분명하게 밝혀졌다. 이 시스템 안에는 맨틀을 향해 250킬로미터 깊이까지 내려갔다가 다시 지표로 돌아온 암석의 드문 흔적이 담겨 있었다. 이 암석은 그 정도 깊이까지 침강했다는 사실을 보여주는 가장 오래된 기록이자 가장 초기의 판구조론과 섭입의 흔적이었다. 이 암석을 발견한 사람이 바로 스틴이었다.

　우리의 보트는 해안가를 따라 난 암석들 사이를 빠르게 지나

간다. 해안가는 무지갯빛의 빗해파리로 반짝인다. 존은 해류 안
으로 더 깊숙이 배를 몬다. 편마암과 편암을 비롯한 모든 형태
의 암석이 해류를 부드럽게 어르고, 우리는 과거의 노래를 한껏
즐긴다. 우리가 탄 보트 뒤에 미래의 형체가 있다. 고무보트는
파도의 마루와 골에 일일이 반응하고 천천히 옆으로 가속도를
내며 물을 튀긴다.

마지막 탐사 때부터 여름날이면 북극곰이 우리의 탐사 지역
에 출몰하곤 했다. 북극곰이 한 번도 나타난 적 없는 지역이었
다. 탐사 자금을 지원하는 에이전시의 요구에 따라 우리는 이제
북극곰이 나타날 때를 대비해 소총을 들고 가야 한다.

나는 마음속으로 몇 년 전 침식 만에 자리한 바위를 덮고 있던
툰드라를 다시 떠올린다. 순록의 뼈가 썩고 빙하가 녹고 새로운
표면이 생성되는 모습을 그려본다. 어쩔 수 없는 소멸과 변화가
일어나도 남아 있는 야생은 영원히 조용히, 저항할 수 없는 손
짓으로 우리를 부를 것이다.

야생의 경계에 자리한 정착지는 야생의 풍경에 찍힌 하나의
구두점이다. 이 점은 인간적인 요소를 제공함으로써 감정과 반
응을 낳으며 장소의 질감에 영향을 미친다. 살기 적합한 곳의
경계에 자리한 이 점은 손길이 닿지 않은 풍경과 조화롭게 존재

하는 것이 어떤 의미인지를 보여준다. 그러한 장소에는 깊은 지혜가 담겨 있다.

어느 날 아침 일찍, 존과 나는 우리의 이동을 도와줄 사람의 집을 찾아 아시아트 거리를 걷는다. 그는 연로한 이누이트 사람이다. 디스코만이 내려다보이는 작은 둔덕이 그의 집이다. 지붕에는 그가 최근에 사냥한 순록의 마른 가죽이 걸쳐져 있다. 소박한 집의 2층 창문에는 염지한 순록 고기 몇 가닥이 걸려 있다. 허스키들은 각자의 작은 집에 묶여 있고, 겨울이 되면 이 개들이 끄는 썰매가 그 옆에 수직으로 세워져 있다. 우아한 곡선을 그리는 흰색 활주부가 하늘을 향해 솟구쳐 있다.

정문으로 들어서자 기이한 소리가 공기를 가로지른다. 소리는 낮은 음에서 높은 음으로 다시 낮은 음으로 천천히 바뀌며 만 위를 넘실댄다. 나는 몸을 돌려 빙하가 가득한 물을 내다본다. 하지만 내 눈에 보이는 것은 흰색 점이 박힌 파란색 하늘이 희미하고 잔잔하게 반사된 모습뿐이다. 현관에 들어서자 만의 표면이 세 번의 거대한 파도로 출렁인다. 한 파도에 맞춰 입을 쫙 벌린 혹등고래가 천천히 솟구친다. 낭랑하게 울려퍼지던 소리가 멈추고 고래수염을 따라 물이 급속도로 빠지는 소리만 들린다. 고래는 포식 중이다. 노래는 작은 바다 생물을 끌어들이기 위해 고래가 사용하는 메커니즘이다.

일을 마치고 우리는 카이와 만나기 위해 우리가 머물던 선원들의 숙소로 향한다. 작은 항구로 이루어진 해안가를 지나가다가 현지 어부 몇 명이 물고기와 바다표범 고기를 파는 흰색 점포에서 멈춰선다. 우리가 넙치류, 피오르 대구, 북극 곤들매기를 비롯해 내가 모르는 물고기들을 쭉 훑어보고 있는데, 작은 선외기가 항구 쪽에서 웅웅대는 소리가 들린다. 보트는 해안가를 향해 속도를 낮추며 천천히 모래에 미끄러지듯 가닿는다. 겨드랑이까지 올라오는 노란색 방수바지를 입은 덩치 큰 남자가 보트에서 내리더니 심홍색 바다표범 고기가 묶인 길고 두꺼운 밧줄을 낑낑대며 당긴다. 우리는 남자가 고기를 점포로 가져와 탁자 뒤에 서 있던 이누이트 여성과 흥정하는 것을 지켜본다. 잠시 대화가 오간 후 여자는 자신이 펼쳐놓은 생선들 가운데 남자가 가져온 고기를 놓을 자리를 마련한다. 남자는 다시 작은 보트로 돌아가고 고래 지방을 갖고 돌아온다.

돈을 받은 뒤 그는 다시 소형 보트로 걸어간다. 보트를 만으로 밀고는 선외기의 줄을 당긴다. 시동이 걸리자 그는 자리에서 일어나 항구에 정박한 보트들 사이로 솜씨 좋게 배를 조종한다. 곧이어 그가 조절판을 열자 보트는 웅웅 소리를 내며 속도를 내더니 만 뒤로 사라진다.

그린란드에서 볼 수 있는 전형적인 모습이다. 지난 수백 년 동안 거의 변하지 않은 야생과 지속가능한 공존을 꾀하고 거래를 시도하는 오래된 방식이다. 하지만 이제는 대구 포획량이 줄고 고래도 찾기 어려워지고 있다. 순록의 이동경로 역시 점점 더 파악하기 어려워지고 바다표범의 개체 수는 생태계와 균형이 깨진 상태다. 한때 분투하기는 했지만 지속적이었던 존재가 이제 위협받고 있다.[3]

  이는 그린란드에 국한된 상황만은 아니다. 모든 대륙에서 야생은 착취당하고 있으며 야생에 의존하던 사람들, 야생의 품 안에서 살던 사람들은 소중히 여기는 것을 내놓도록 강요받고 있다. 현대 세상은 넘치는 오만으로 자신이 아무것도 모르는 삶에 산업적인 탐욕의 결과를 책임지우고 있다. 야생의 파괴와 그 안에서 조화롭게 살던 사람들의 파괴를 합리화하는 도덕적 파탄은 경악스러울 정도다. 많은 사람이 분노하며 그 영향을 완화하려고 노력하고 있는 것은 고무적인 일이나 반발 또한 만만치 않다. 우리 모두가 느껴야 하는 도덕적 분개는 비대한 경제조직에 비하면 미약해보인다.

  우리의 일상에서 자연의 역할이 감소하면서 경제적인 욕심이 가져오는 결과는 더욱 악화되고 있다. 뉴스에서는 이런 사실이 좀처럼 언급되지 않는다. 정치에서도 거의 고려되지 않으며 소셜미디어에 등장하는 경우는 거의 없다. 월리스 스테그너Wallace

Stegner는 1960년 영향력 있는 저서 《야생 편지Wilderness Letter》에서 이렇게 말했다.

> 젊을 때 [야생]이 우리에게 중요한 이유는 자연이 가져다주는, 그 어떠한 곳에서도 얻을 수 없는 '온전한 상태' 때문이다. 우리는 제정신이 아닌 이 세상에서 잠시나마 탈출해 자연의 품에서 쉴 수 있다. 나이가 들면 야생이 그곳에 있다는 사실 자체가 우리에게 중요해진다. 자연이 그곳에 있다는 생각만으로 위안이 되는 것이다.

이 편지가 전하는 메시지가 별로 특별하지는 않지만 긴급성만은 그 어느 때보다도 강렬하게 다가온다. 인간은 공동체에 발을 딛고 산다. 그리고 그 공동체에서는 함께 공유하는 경험과 협력이 필요하다. 하지만 정치적, 경제적 이기심이 전 세계를 위협하고 야생을 밀어내는 가운데 우리는 우리의 근본을 이루는 '야생으로 향하는 길'을 잃을 위험에 처해 있다. 직접적인 경험을 통해서든, 시나 예술, 음악을 통해서든 우리는 야생을 살릴 수 있도록 야생을 공유하고 기려야 한다. 그곳의 모든 삶, 모든 종種은 우리의 인정과 존중과 감탄과 예술과 꿈의 대상이 될 만한 가치가 있다.

용어설명

GREENLAND

규선석   바늘 같은 형태로 산출되는 길쭉한 흰색의 변성 광물. 규선석은 점토 혹은 알루미늄이 풍부한 물질의 변성작용을 통해 형성된다.

근원암   변성이나 화성 과정을 통해 새로운 암석이 생성되는 원래의 암석. 초기 환경이나 상황을 재구성할 수 있는 강력한 도구다.

모암 지층을 구성하는 암석의 주요 부분. 마그마가 관입하는 암석을 의미하기도 한다.

분별하다, 분별   분리 과정. 과학 분야에서 이 용어는 고체나 기체 같은 물질이 액체 같은 또 다른 물질에서 분리되는 현상을 가리킬 때 사용된다.

사방휘석   화성암과 변성암에 나타나는 고온에서 형성되는 광물. 주로 철, 마그네슘, 규소로 이루어진다.

섭입   하나의 판이 다른 판 아래로 내려가는 과정.

스토우핑 상승하는 마그마가 위에 놓인 물질을 갉아내는 과정. 이 용어는 보통 채굴장에서 위에 놓인 물질을 제거하는 과정을 가리키지만 녹은 암석(마그마)이 지각을 뚫고 올라가는 과정을 가리키기도 한다.

쌍정 한 결정체를 이루는 원자 격자의 방향이 결정체 인근 부위의 원자 격자의 방향과 다른 결정 구조.

지체구조판 지구 표면을 따라 천천히 이동하는 지각과 상부 맨틀의 최상부층을 포함하는 암석층. 지구 표면에는 8개의 주요 지체구조판과 다수의 작은 판이 존재한다. 각 판은 비교적 단단하기 때문에 판끼리 충돌할 때 산지가 형성될 수 있다.

초고철질암 철과 마그네슘이 풍부하며 규소, 알루미늄, 소듐, 포타슘이 적은 암석. 맨틀의 대표적인 암석으로 초염기성 암석으로 불리기도 한다.

툰드라 높은 고도나 위도에서 나타나는 초목 없는 냉랭한 지역. 성장기가 짧으며 기상 조건 때문에 독특한 생물군계가 나타난다.

팔사 습기와 물기 많은 지역에서 도드라져 오른 수십 센티미터 지름의 둥근 토양 언덕을 가리킨다. 언덕의 형태는 팔사 표면 아래 수십 센티미터에 달하는 얼음 핵에 의해 결정된다.

편마암 높은 온도와 압력의 변성과정을 통해 만들어진 변성암. 편마암에서는 보통 다양한 색상의 층들로 이루어진 띠가 나타나기도 한다. 열과 압력이 충분히 가해질 경우 거의 모든 종류의 암석(화성암, 퇴적암,

변성암)에서 편마암이 형성될 수 있다.

편암   판상 혹은 늘어난 형태의 광물로 이루어진 종이처럼 얇은 층을 지닌 변성암.

피오르   몹시 가파른 벽에 접한 작은 만. 빙하 계곡에 바닷물이 침투해 형성된 지형.

핑고   큰 규모의 팔사를 가리키는 용어. 지름이 수십 미터에 달하는 경우도 있다.

회장암   마그마에서 생성된 암석으로 소량의 사방휘석과 (칼슘, 소듐, 알루미늄, 규소가 풍부한) 다량의 사장석으로 이루어진다. 대륙의 기저부에서 주로 발견된다고 알려져 있다.

참고문헌

19쪽-1　M. Rosing, et al. 2006. The rise of continents—an essay on the geologic consequences of photosynthesis. *Palaeogeography, Palaeoclimatology, Palaeoecology* 232:99–113.

69쪽-2　F. Kalsbeek, R.T. Pidgeon, and P.N. Taylor. 1987. Nagssugtoqidian mobile belt of West Greenland: a cryptic 1850 Ma suture between two Archaean continets—chemical and isotopic evidence. *Earth and Planetary Science Letters* 85:365–385.

242쪽-3　F. Karlsen, 2009. Management and Utilization of Seals in Greenland. The Greenland Home Rule Department of Fisheries, Hunting and Agriculture. 28 pages.

감사의 글

지난 수백 년 동안 수많은 이들이 다양한 비전과 개인적인 경험이 풍부하게 담긴 작품을 통해 야생을 향한 관심을 촉구하고 있다. 야생을 반추해야 할 필요성을 널리 알리고 그 과정에서 겸손함의 필요성을 말해준 이들에게 감사를 전하며 그중 일부만 언급하고자 한다.*

로렌 아이슬리, 《광대한 여행》, 강, 2005

일리야 프리고진, 《있음에서 됨으로》, 민음사, 1988

프리먼 다이슨, 《20세기를 말하다》, 사이언스북스, 2009

헨리 데이비드 소로, 《월든》, 은행나무, 2011

존 뮤어, 《캘리포니아의 나무들The Mountains of California》, 1875

* 국내에 번역·출간된 도서는 번역서의 서지사항을, 미출간 도서는 본서 《근원의 시간 속으로》 원서에 표기된 대로 적었습니다.

_____ , 《나의 첫 여름》, 사이언스북스, 2008

_____ , 《요세미티The Yosemite》, 1912

알도 레오폴드, 《모래 군의 열두 달》, 따님, 2000

에드워드 애비, 《태양이 머무는 곳, 아치스》, 두레, 2003

_____ , 《몽키 렌치 갱The Monkey Wrench Gang》, 1975

로버트 맥팔레인, 《야생의 장소The Wild Places》, 2007

마거릿 미드, 《사모아의 청소년》, 한길사, 2008

레이첼 카슨, 《침묵의 봄》, 에코리브르, 2011

곤트란 드 폰친스, 《카블루나: 이누이트 가운데서Kabloona: Among the Inuit》, 1941

피터 매티슨, 《신의 산으로 떠난 여행》, 갈라파고스, 2004

게리 스나이더, 《사석과 차가운 산의 시인Riprap and Cold Mountain Poems》, 1959

_____ , 《거북이 섬Turtle Island》, 1974

_____ , 《야생의 실천》, 문학동네, 2015

배리 로페즈, 《북극을 꿈꾸다》, 봄날의 책, 2014

윌리스 스테그너, 《안식각Angle of Repose》, 1971

존 스타인벡, 《코르테즈 항해일지The Log from the Sea of Cortez》, 1951

헨리 베스톤, 《세상 끝의 집》, 눌와, 2004

에드워드 윌슨, 《통섭》, 사이언스북스, 2005

애니 딜라드,《자연의 지혜》, 민음사, 2007

그레텔 에를리히,《개방된 공간이 주는 위안The Solace of Open Space》, 1985

_____ ,《섬, 우주, 집Islands, the Universe, Home》, 1991

_____ ,《이 차가운 천국This Cold Heaven》, 2001

엘사 말리, 〈푸른 빙하 시리즈Blue Ice Series〉를 비롯한 기타 훌륭한
　　그림들

테리 템피스트 윌리엄스,《안식처Refuge》, 1992

_____ ,《여성이 새였을 때When Women Were Birds》, 2012

_____ ,《땅의 시간The Hour of Land》, 2016

　　그린란드 답사를 시작한 뒤 나를 그곳에 기꺼이 초대해준 카이와 존에게 감사를 전한다. 팀 알파가 탄생할 수 있었던 것은 삶과 장소를 향한 그들의 열정 덕분이었다. 그들의 열정과 진실된 마음, 정직한 자세는 그들이 종사하는 과학계뿐만 아니라 우리 모두에게도 큰 도움이 되고 있다. 그린란드 거주민들에게도 감사를 전하고 싶다. 그들은 야생의 힘과 경이를 인식하고 존중하는 문화를 지켜내고 있다. 그들이 외부 세계의 압박을 받으면서도 자신의 삶을 지키기 위해 투쟁하는 모습은 우리 모두에게 귀감이 되고 있다. 내가 첫 탐사를 떠났을 때 함께 해준 루시아 밀번, 피터 세이텔, 존 윈터에게 감사를 전한다.

내 원고가 한 권의 책으로 탄생하는 데 크게 일조한 캐서린 투럭에게도 감사하다. 그녀의 인내와 통찰력, 꼼꼼한 리뷰는 말로 다 표현할 수 없을 정도로 큰 도움이 되었다. 돈 라펠에게도 감사한다. 그는 이 책이 출간되기까지 훌륭한 안내자 역할을 톡톡히 했다. 에리카 골드먼에게도 감사하다. 그녀가 편집에 쏟은 노력 덕분에 이 책의 완성도가 높아질 수 있었다. 원고를 꼼꼼히 수정하고 정교하게 가다듬는 데 엄청난 노력을 쏟은 캐롤 에드워드, 에이전트 말가 발디, 통찰력 있는 비전을 제안해준 엘라나 로젠달과 몰리 미콜로위스키에게도 감사를 전한다.

지칠 줄 모르는 노력을 쏟은 카르론 피크스에게도 깊이 감사하는 마음이다. 이 책이 탄생하기까지 여러 해 동안 가감 없는 조언을 아끼지 않은 사비나 토마스, 마사 힉스맨 힐드, 애너마리 마이케, 루시아 밀번, 더크 시글러에게도 감사를 전한다. 균학 분야와 관련해 조언을 해준 로렌스 일맨을 비롯해 야생의 가치에 대해 풍부한 토론을 이끌어준 메인주 바 하버의 애틀랜틱 대학교의 교수진과 학생들에게도 고마움을 전한다.

지난 몇 년 동안 여러 단체에서 그린란드 연구 자금을 지원해주었다. 미국 국립과학재단US. National Science Foundation, 덴마크 연구위원회Danish Research Council, 그린란드 지질조사소와 덴마크 그린란드 지질조사소에 무한한 감사를 전한다.